GUIDE HACHETTE ANIMAUX

Perruches ondulées

HILDEGARD NIEMANN
PHOTOS : OLIVER GIEL

hachette
NATURE

une photo

MES PERRUCHES S'APPELLENT

....

....

Informations concernant mes perruches

Date de l'achat : .... Sexe : ....

Date de l'achat : .... Sexe : ....

....

Mes coordonnées

Nom : ....

Adresse : ....

Code postal : .... Ville : ....

N° de téléphone : .... E-mail : ....

Coordonnées de l'éleveur ou de l'oisellerie

Nom : ....

Adresse : ....

Code postal : .... Ville : ....

N° de téléphone : .... E-mail : ....

Site Internet : ....

Mes perruches

Nom : .... Nom : ....

Couleurs : .... Couleurs : ....

....

....

Taille de la cage : ....

Jouets : ....

Alimentation : ....

....

....

Autre : ....

....

Sommaire

La couleur verte de la perruche provient de la synthèse de la psittacine dans ses plumes

Des petits êtres irrésistibles

Les perruches ondulées sont des êtres fascinants. L'enthousiasme pour ces petits oiseaux exotiques vifs et pleins de charme ne s'est jamais démenti. Dans le monde entier, ils font partie des animaux de compagnie les plus appréciés. Mais qu'est-ce qui les rend à ce point irrésistibles ?

DES OISEAUX CURIEUX, JOUEURS ET TRÈS SOCIABLES

En 1770, lorsque James Cook découvrit les perruches ondulées au cours d'une expédition en Australie, personne n'imaginait que ces jolis psittacidés allaient un jour investir des millions de foyers. Mais il a tout de même fallu attendre 1840 pour qu'ils connaissent enfin la gloire grâce au célèbre naturaliste John Gould, qui fut le premier à ramener des spécimens vivants en Grande-Bretagne. Leur capacité de survie s'avéra exceptionnelle : quelques années plus tard, leur descendance était déjà nombreuse – un événement à l'époque. Aujourd'hui, les perruches ondulées domestiques font partie des animaux de compagnie les plus appréciés. On estime leur nombre à plus de 30 millions. Une perruche ondulée ne pèse que 40 à 60 grammes, mais bien soignée elle peut vivre jusqu'à 15 ans. Le plumage – à l'origine vert, jaune et noir – existe aujourd'hui dans de nombreuses variantes. Le choix est vaste entre les différentes associations de couleurs : unies, pie, etc.

Des compagnons amusants

La vie sociale des perruches ondulées est tellement complexe que chaque jour apporte de nouvelles découvertes. Ces oiseaux très intelligents s'intéressent à leur environnement de très près. Ce sont surtout les mâles qui apprennent à « parler ». Débordants d'énergie, par ailleurs curieux, ces oiseaux ont besoin d'une activité intensive pour rester en forme. Chaque perruche ondulée est unique et a son propre caractère. La perruche ondulée est l'oiseau idéal, et pas unique-

Notez les écailles noires des ailes. Une perruche acquiert son plumage adulte vers quatre mois.

ment pour les amateurs éclairés de perruches australiennes. Dans la mesure où leur élevage est assez facile, ces perruches conviennent aussi parfaitement aux néophytes en matière de psittacidés, aux enfants, aux seniors et aux personnes actives qui ne peuvent pas consacrer toute leur journée à leurs oiseaux. Leur effet sur l'homme est étonnant. Des études américaines ont démontré que leur présence faisait baisser la pression artérielle et qu'elles avaient un effet préventif sur la dépression. Pourquoi ? Parce que les propriétaires de perruches ondulées communiquent davantage car leur intérêt commun ouvre la voie à d'autres discussions. Le fait de choisir l'élevage de ces oiseaux est en lui-même une ouverture aux autres.

L'eau est au centre de la vie des perruches ondulées sauvages. C'est elle qui détermine la période de reproduction et les déplacements de ces petits nomades.

Le compagnon idéal

Du fait de leur caractère très social, les perruches ondulées séduisent rapidement leurs maîtres. Elles trouvent très vite leur place dans le foyer et personne n'imaginerait ensuite vivre sans elles. De nombreux arguments plaident en leur faveur.

› Dès que vous avez gagné la confiance de vos perruches, plus rien ne s'oppose aux plaisirs et aux jeux. Elles acceptent très vite qu'on les prenne dans la main et apprécient même particulièrement les petits gratouillis sur la tête. En revanche, elles n'aiment pas qu'on leur touche le corps.

› Le niveau sonore de leur gazouillis est assez faible comparé à celui de la plupart des espèces de psittacidés. Donc pas de problèmes avec les voisins si vous habitez en appartement !

› Elles trouvent très vite leur place dans la famille : elles sont curieuses et participent volontiers à la vie de celle-ci.

› Avec un petit groupe de perruches ondulées, pas de risque de s'ennuyer. Il suffit d'observer tout ce qui se trame : relations amoureuses, drames de la jalousie, intrigues, amitiés, sympathies profondes. Leur langage corporel est étonnamment riche, et les regarder s'agiter gaiement est déjà un vrai plaisir.

› Le seul inconvénient, c'est la saleté et la poussière qu'elles produisent. Au cours de leurs sorties quotidiennes à l'extérieur de la cage – absolument indispensables – elles disséminent leurs fientes un peu partout. Et bien évidemment, les restes de nourriture et les projections de sable doivent être aspirés tous les jours (voir p. 68). Il est conseillé aux personnes souffrant d'affections respiratoires ou très allergiques d'opter pour un autre animal de compagnie.

L'Australie, patrie des perruches

Le milieu naturel originel des perruches ondulées est l'Australie, pays des kangourous et des koalas. Environ 70 % de la surface de ce continent est constituée de déserts où il pleut rarement. La phase de croissance des plantes est par conséquent très courte – parfois un mois seulement. Seules deux douzaines d'espèces d'oiseaux supportent ces conditions de vie difficiles ; la petite perruche ondulée au plumage jaune-vert en fait partie.

Si la perruche ondulée a su s'adapter à ces conditions difficiles, c'est grâce à ses glandes à sel très développées, ce qui est rare chez les

LA PERRUCHE ONDULÉE : POUR QUI ?

Avant de vous décider à acquérir des perruches ondulées, répondez en toute franchise aux questions qui suivent afin de déterminer si cet animal est vraiment fait pour vous.

☑ UN ENGAGEMENT à LONG TERME.

Une perruche ondulée peut vivre jusqu'à 15 ans. Pourrez-vous assumer vos responsabilités aussi longtemps ?

☑ ESPACE.

Les perruches ondulées doivent vivre au moins à deux. Avez-vous assez de place pour plusieurs oiseaux ? Disposez-vous d'une pièce dans laquelle vous pourrez les laisser voler tous les jours en liberté ?

☑ SALETÉS.

Vous devrez ramasser tous les jours plumes, fientes, poussière. Êtes-vous prêt pour cette tâche ? Êtes-vous sûr de ne pas être allergique ?

☑ FRAIS.

La cage et les équipements coûtent environ 300 euros. Comptez environ 110 euros par an pour la nourriture, les jouets et le vétérinaire. Êtes-vous prêt à dépenser ces sommes pour vos oiseaux ?

☑ ENFANTS.

Les oiseaux peuvent être un moyen de responsabiliser les enfants et de leur apprendre à prendre soin des autres. Mais la vraie responsabilité, c'est aux parents de l'assumer. Êtes-vous prêt à cela ?

oiseaux terrestres. Elle peut donc boire l'eau des lacs salés – elle élimine simplement l'excédent de sel par l'intermédiaire de ces glandes.

Les perruches ondulées occupent également une niche écologique particulière. Elles font partie des petits granivores australiens, peu nombreux, et se nourrissent essentiellement de graines minuscules (1,3 g environ pour de 0,5 à 2,5 mm de long). Elles s'adaptent aux fluctuations constantes de l'offre en jouant les nomades. Les *Spinifex* et les plantes couvre-sol constituent leur principale source d'alimentation. Elles passent le plus clair de leur temps – surtout tôt le matin et en fin d'après-midi – à chercher ces graines, inspectant le sol dans tous les sens et grimpant sur les tiges d'herbe. Elles doivent constamment se méfier des rapaces et autres prédateurs. Rien d'étonnant donc à ce que la perruche domestique soit aussi prudente !

Les deux séries de couleur de base chez la perruche ondulée sont le vert et le bleu.

LA JOURNÉE D'UN GROUPE DE PERRUCHES ONDULÉES

Il suffit d'observer le comportement des perruches ondulées dans la nature pour comprendre quels sont leurs besoins quand elles sont domestiquées.

JAMAIS SEULES. Les perruches ondulées adorent la vie de groupe et font tout à plusieurs. C'est par nuées qu'elles se rendent bruyamment vers les lieux où, après leur toilette matinale, elles chercheront leur nourriture. L'importance des nuées est variable. On observe parfois des petits groupes de dix oiseaux, mais ils peuvent aussi compter une centaine d'individus. Certaines nuées gigantesques comptent plusieurs milliers d'oiseaux. Le vol synchronisé de ces énormes groupes est impressionnant. Mais il n'est pas sans danger. Les perruches se posent sur les mares pour boire et décollent de l'eau en battant rapidement des ailes. Quand les nuées sont importantes, les dernières arrivées se posent sur celles qui sont en train de boire et peuvent ainsi les noyer.

En dehors de la période de reproduction, le groupe n'est régi par aucune structure sociale. C'est ce qui explique que la taille du groupe peut constamment varier. Un petit groupe peut quitter la nuée, et être remplacé par de nouveaux arrivants. Au sein d'une nuée, existent souvent des sous-groupes – les juvéniles, par exemple, se regroupent entre eux. En période de reproduction, on voit souvent des groupes de mâles partir ensemble chercher la nourriture qu'ils rapportent ensuite aux femelles et aux petits.

DES VOLS COURTS. Même si les perruches ondulées savent très bien voler, elles ne sont pas capables de couvrir de longues distances. Leur corps ne dispose pas suffisamment de réserve de graisse pour cela. Au bout de trois heures ou d'une centaine de kilomètres, elles sont déjà épuisées et doivent s'arrêter. Pour économiser leur énergie, elles parcourent donc de courtes distances d'un point de ravitaillement à l'autre.

REPOS DANS LES FEUILLAGES. Les perruches ondulées se perchent souvent dans les eucalyptus pour se reposer. Leur couleur et leur silhouette en forme de goutte se confondent presque avec le feuillage. Ce camouflage et la rapidité avec laquelle les nuées se déplacent en formation sont des moyens de défense remarquables contre les prédateurs.

La période de reproduction

Les oiseaux des régions désertiques sont souvent des nomades qui peuvent nicher à n'im-

Sieste obligatoire : au moment le plus chaud de la journée, les perruches ondulées se reposent dans les arbres. Leur couleur et leur silhouette constituent un excellent camouflage.

porte quel moment de l'année. Le caractère imprévisible des pluies dans les zones sèches a entraîné chez eux le développement d'un appareil reproducteur qui peut devenir actif extrêmement rapidement. Par conséquent, la reproduction peut démarrer dès qu'il commence à pleuvoir et que la nourriture est plus abondante. Les petites perruches aiment bien nicher tout près les unes des autres. On trouve donc parfois plusieurs trous d'arbre occupés sur une même branche. Pour réussir à élever leurs petits, elles doivent cependant disposer d'au moins trois mois de réserves de nourriture car les naissances puis les départs des petits s'échelonnent sur une période très longue. Compte tenu de la rudesse de leurs conditions de vie, la moitié des petits ne survivent pas. Pour compenser ces pertes, les mâles sont déjà féconds 60 jours après avoir quitté le nid. La perruche ondulée, experte dans l'art de la survie, est donc armée pour résister à la chaleur, à la sécheresse et à la faim !

Les perruches ondulées recherchent en permanence le contact avec leurs congénères. Ce partenaire leur est absolument indispensable pour se nourrir, jouer ou chahuter. La vie en groupe leur assure une protection contre leurs ennemis, les rassure et accroît leur sentiment de bien-être. Il ne faut donc jamais élever une perruche ondulée seule !

Ci-contre : Génétiquement, les perruches bleues ne synthétisent pas les pigments jaunes, mais seulement la mélanine.

MAUVE.

Cette couleur rare est souvent confondue avec la couleur violette. (ici, un jeune mâle)

GALERIE DE PORTRAITS

OPALINE BLEU CLAIR AILES CLAIRES.

Le standard des perruches ondulées de cette couleur exige que les ailes soient de claires à blanches et le corps du bleu le plus vif possible. La plupart du temps, les ailes présentent des marques « ton sur ton ». (ici, une femelle)

VERT CLAIR.

Cette couleur est très proche de la couleur originelle de la perruche ondulée. Quand on croise une perruche vert clair avec une d'une autre couleur, on obtient des petits au plumage majoritairement vert. (ici, un jeune mâle)

Une perruche ondulée n'est pas forcément vert clair ou bleu clair, même si ces couleurs sont splendides. Les perruches mauves, grises ou pie sont tout aussi splendides.

PIE AUSTRALIENNE VIOLETTE.

Ces formes de mutation ne sont apparues que dans les années 1950 chez les éleveurs australiens. La coloration est due à la répartition irrégulière de la mélanine. (ici, un mâle)

OPALINE VERT CLAIR AILES CLAIRES.

Certaines couleurs, comme celle-ci, sont liées au sexe. (ici, une femelle)

GALERIE DE PORTRAITS

GRIS.

La coloration grise est due à la forte pigmentation des plumes. Elles absorbent l'essentiel de la lumière et ne peuvent pas réfléchir le bleu. (ici, un mâle)

OPALINE BLEU FONCÉ MASQUE JAUNE.

Ces perruches ont souvent des couleurs lumineuses et sont en général un peu plus petites que leurs congénères. Le tracé des ondulations sur l'arrière de la tête est souvent interrompu. (ici, un mâle)

PIE AUSTRALIENNE BLEUE MASQUE JAUNE.

Chez cette variante, les ailes et la queue sont très claires. Les australiennes pie existent dans de nombreuses autres couleurs et combinaisons. (ici, un mâle)

UNE OU DEUX PERRUCHES ? MÂLE OU FEMELLE ?

Dans la nature, c'est le groupe qui assure la sécurité de la perruche ondulée ; chez vous, c'est à vous que cette responsabilité incombe. Mais comme vous ne pouvez pas passer votre temps auprès d'elle, optez pour au minimum deux perruches pour qu'elles se sentent protégées. Elles pourront aussi jouer ensemble quand vous n'aurez pas assez de temps à leur consacrer. C'est à vous de décider si vous préférez un couple, ou deux oiseaux du même sexe. L'idéal est un petit groupe dont la composition est mixte, mais équilibrée. Si les femelles sont trop nombreuses, des combats sanglants risquent d'avoir lieu au moment de la reproduction. En revanche, la supériorité numérique des mâles ne pose pas de problème. Dans tous les cas, l'achat d'une perruche ondulée est une question de feeling. Optez pour les oiseaux dont le caractère vous convient. Les mâles sont un peu plus bavards que les femelles mais ils ont tendance à devenir assez inactifs en vieillissant. Les femelles ont un instinct rongeur très marqué. Elles doivent donc toujours avoir du bois tendre à leur disposition. Attention à vos tapis et à vos meubles quand vous les laissez voler en liberté chez vous.

Même si les perruches appartiennent à vos enfants, c'est vous qui êtes le principal responsable de leurs compagnons.

Les enfants

Les perruches ondulées sont les animaux de compagnie idéals pour les enfants : grâce à elles, vous pouvez les responsabiliser et leur apprendre à s'occuper d'êtres doués de sentiments comme eux. Mais je ne vous conseille pas de leur faire la surprise de leur en offrir. La décision doit venir d'eux. Évidemment, ce sont malgré tout les parents qui assument en dernier ressort la responsabilité des oiseaux. Un enfant peut avoir des perruches ondulées dès l'âge de huit-dix ans. Commencez par lui expliquer que les perruches ondulées sont des proies potentielles et qu'elles ont par conséquent peur de tout ce qui est plus gros qu'elles. Il faut donc les manier avec précautions. Les premières semaines dans leur nouveau foyer sont déterminantes : elles permettent de voir si un rapport de confiance durable s'établit entre elles et les enfants (voir p. 36).

Il existe une astuce pour apprendre rapidement à un enfant à respecter les limites du territoire des perruches : collez un ruban adhésif de couleur par terre pour qu'il visualise l'endroit à partir duquel elles commencent à réagir avec nervosité, et qui correspond à leur sphère privée. À l'intérieur de cette zone, il doit se déplacer lentement et leur parler gentiment. Au début, occupez-vous toujours d'elles avec lui. Il pourra ensuite les soigner et les nourrir seul. Assurez-vous néanmoins en permanence que les besoins de vos perruches sont satisfaits. Par ailleurs, ne les installez pas dans sa chambre. Compte tenu du temps qu'un enfant passe hors de la maison, les oiseaux seraient trop seuls. L'idéal est une pièce de vie où la famille se retrouve.

Les autres animaux domestiques

Dans la nature, les perruches ondulées sont en permanence sur le qui-vive, prêtes à fuir un prédateur. Elles ne peuvent donc pas cohabiter avec n'importe quel animal domestique.

LES CHIENS ET LES CHATS font partie de leurs prédateurs naturels. Le vol rapide d'un oiseau déclenche chez eux l'instinct de prédation et peut entraîner des accidents graves. Il ne faut donc jamais laisser des perruches ondulées seules avec un chien ou un chat dans une pièce, même si les portes de leur cage sont fermées. Un chien peut se mettre à aboyer après elles ou même renverser la cage. Le chat risque d'essayer de les attraper à travers les barreaux.

LES COCHONS D'INDE ET LES LAPINS NAINS s'entendent bien avec les perruches ondulées. Néanmoins, veillez à ce que vos oiseaux ne puissent pas toucher leur nourriture car les bactéries de leur salive peuvent les rendre malades.

LES RATS ET LES SOURIS ne doivent avoir aucun contact avec les perruches ondulées car ils risqueraient de les attaquer et de les mordre.

1 CHIENS. Ne laissez approcher votre chien – sous surveillance – que s'il obéit à l'ordre « pas toucher ». Il ne doit ni aboyer ni faire le fou pour ne pas angoisser les perruches.

2 CHATS. Ce sont des prédateurs naturels des oiseaux. Ils ne risquent donc pas de devenir amis. En cas de morsure ou de griffure, consultez un vétérinaire car elles peuvent leur être fatales.

3 LAPINS. Comme les cochons d'Inde, ils s'entendent bien avec les perruches ondulées. Cela ne vous dispense pas de garder un œil attentif sur votre petit monde.

ACHAT : LES RÈGLES D'OR

Vous avez décidé d'acheter une perruche ondulée. Maintenant, les recherches commencent. Prenez votre temps pour trouver celle qui vous convient et assurez-vous qu'elle provient bien d'un élevage digne de ce nom.

LES ANIMALERIES. Une bonne animalerie se reconnaît au temps que les vendeurs consacrent aux futurs acquéreurs et à la quantité d'informations qu'ils sont capables de leur fournir. Les cages et les mangeoires doivent être propres et les oiseaux doivent avoir différents jouets à leur disposition. Les perruches ondulées élevées dans de petites cages ont souvent une musculature alaire sous-développée et sont sensibles aux maladies. Par conséquent, achetez plutôt vos oiseaux dans une animalerie qui dispose de volières. Ils seront en meilleure santé.

LES ÉLEVEURS. Ils se consacrent souvent aux perruches ondulées par amour. Si vous en achetez une auprès de l'un d'eux, vous aurez l'avantage de disposer d'informations complètes sur les caractéristiques et le caractère de votre futur compagnon. Autre avantage : ils proposent souvent de garder les oiseaux pendant les vacances de leurs maîtres.

LES REFUGES. C'est aussi une bonne adresse pour celui qui souhaite accueillir dans

Tant qu'ils ne savent pas encore manger tout seuls, les petits ont encore besoin de leur maman.

une bonne maison des oiseaux abandonnés. Le choix n'est certes pas énorme, mais il s'agit souvent de perruches qui ont eu une histoire douloureuse et qui méritent bien les soins d'un maître particulièrement attentionné.

LES ANNONCES. Les petites annonces publiées dans les journaux et sur Internet sont nombreuses. Si vous optez pour cette solution, soyez particulièrement vigilant sur l'état de santé des oiseaux et renseignez-vous bien sur leurs antécédents familiaux.

Toutes les perruches ondulées devraient être examinées juste après l'achat par un vétérinaire spécialisé dans les espèces exotiques ou les petits animaux pour établir un bilan de santé. Cela vous permettra par la même occasion de faire déjà connaissance avec une personne vers qui vous tourner le jour où vous aurez un souci.

L'âge

On trouve sur le marché des perruches ondulées de tous âges. Chaque période de leur vie a ses particularités, qu'il convient de connaître.

LES JEUNES PERRUCHES ONDULÉES peuvent être achetées dès l'âge de six ou sept semaines. Leurs grands yeux noirs, les stries colorées qui descendent jusqu'à la cire et leur bec sombre rendent les petits absolument irrésistibles. À cet âge, ils s'adaptent facilement à un nouvel environnement et ils n'ont aucun mal à établir une relation de confiance avec leur nouveau maître. Assurez-vous néanmoins qu'ils soient capables de manger tout seuls. Si ce n'est pas le cas, ils seront affamés les premiers jours et la faim ne crée certainement pas les meilleures conditions pour développer un lien amical entre la perruche et son maître. Si la perruche est destinée à un enfant, il est préférable de choisir un oiseau jeune, plus facile à apprivoiser qu'un sujet âgé.

LES PERRUCHES ÂGÉES. Gagner leur confiance prend souvent plus de temps qu'avec les jeunes. Elles peuvent avoir fait des expériences malheureuses ou avoir vécu longtemps dans une volière sans aucun contact avec un humain. Il leur faut alors beaucoup de temps pour s'habituer à un environnement nouveau. Mais avec de la patience, de l'humour et beaucoup d'amour, c'est possible.

LES PERRUCHES ABANDONNÉES ET MALADES doivent être réservées aux connaisseurs. Elles ont des besoins particuliers, exigent en permanence des soins vétérinaires, et ne parviennent pas forcément à tisser une relation avec un humain.

N'achetez pas des perruches qui ont été entassées dans une cage.

CONSEILS D'EXPERT

Santé : revue de détail

YEUX
Ils doivent être brillants, noirs chez les jeunes, cerclés de jaune chez les plus âgées.

PLUMAGE
Il doit être propre, brillant et dense. Aucune rémige et aucune rectrice ne doivent manquer.

BEC
Il doit être lisse et bien conformé.

CIRE
Elle doit être propre, sans traces d'écoulement ou de pus, et sans croûtes.

PATTES
Elles doivent être propres et lisses.
La corne doit être saine. Deux orteils pointent vers l'avant, deux autres vers l'arrière. Les griffes doivent être courtes, pour bien agripper les branches.

CLOAQUE
Le plumage qui l'entoure doit être propre. On ne doit observer ni restes de fientes ni rougeurs.

FIENTES
Vous devez nettement distinguer la partie blanche correspondant aux urates, les fèces vertes et l'urine liquide.

COMPORTEMENT La perruche doit voler avec assurance, marcher vite et d'un pas décidé, et témoigner de l'intérêt pour ce qui l'entoure.

ANATOMIE ET SENS

Plumage

La perruche ondulée est très douée pour le vol et les acrobaties aériennes. Son plumage et sa queue, très longue par rapport au corps, lui permettent de manœuvrer très vite. Ses plumes la protègent du froid et des rayons du soleil ardent. Elles ne représentent toutefois que de 5 à 10 % du poids total de l'oiseau.

Ailes

Dans la nature, les ailes de la perruche ondulée mesurent presque 10 cm de long. Elles constituent son principal moyen de locomotion, ce qui explique qu'elle mette autant de soin à les entretenir. C'est en quelque sorte son assurance-vie : pour échapper à ses prédateurs, elle doit voler correctement. Les ailes jouent également un rôle primordial dans le langage corporel de cet oiseau.

Queue

Elle sert de gouvernail. Elle est constituée de 12 plumes – 2 rectrices internes et 10 rectrices externes. L'ensemble de ces plumes représente presque la moitié de la longueur totale de l'oiseau.

Griffes

La perruche ondulée possède deux orteils dirigés vers l'avant et deux vers l'arrière. La couleur des pattes et celle des pieds peuvent être différentes. Les oiseaux élevés en volière ont souvent les pattes plus sombres que ceux uniquement élevés à l'intérieur.

Yeux

Les yeux des jeunes perruches ondulées sont noirs. À partir de la puberté, un cercle oculaire jaune blanchâtre se forme. Contrairement aux humains, les perruches ont les yeux sur les côtés de la tête, ce qui leur permet d'avoir un champ de vision très large.

Bec

Le bec est un organe sensoriel et un outil important. Il lui permet d'ouvrir les graines et de sentir les choses. Elle s'en sert aussi pour grimper aux arbres et faire sa toilette. Comme il pousse en permanence, elle doit toujours avoir à sa disposition des branches à ronger de manière à l'user.

L'environnement idéal

Si vous leur donnez tout ce dont elles ont besoin, vos perruches ondulées seront des compagnons assez faciles à vivre. Pour assurer leur bonheur, procurez-leur simplement une cage tranquille, un espace pour voler en liberté, des jouets intéressants, des perchoirs confortables et une nourriture saine.

LES BESOINS DE LA PERRUCHE ONDULÉE

La perruche ondulée est un oiseau qui a du caractère, et aucune ne ressemble à une autre. Mais toutes ont les mêmes besoins fondamentaux. Cet oiseau des régions désertiques n'est pas très exigeant et il en faut peu pour le rendre heureux. Malgré cela, rien ne doit être trop beau pour vos petits compagnons.

› Choisissez une cage pour perruches. Elles refusent par exemple de rentrer dans une cage si le grillage les aveugle ou si elle ne contient aucun jouet et qu'elles savent qu'elles vont s'y ennuyer (voir p. 31).

› Avec un peu d'habileté, vous pouvez fabriquer vous-même les jouets et les perchoirs.

› Les perchoirs doivent être adaptés aux besoins des perruches ondulées. Si un perchoir reste inutilisé, c'est qu'il est accroché au mauvais endroit ou que le diamètre de la branche ne leur convient pas. Prévoyez des perchoirs de grosseurs différentes.

› Une perruche ondulée bien nourrie déborde d'énergie. Elle vole à travers la pièce en enchaînant les cabrioles, à grands renforts de cris. En revanche, une perruche mal nourrie ne peut voler que sur de courtes distances et reste toute la journée perchée sur une branche, sans bouger.

› Une perruche dynamique et en bonne santé inspecte tout quand elle vole en liberté ; elle se glisse dans tous les trous et joue volontiers avec son maître. Son bonheur est complet si, qui plus est, elle trouve un bon repas quand elle retourne dans sa cage et qu'elle peut faire sa sieste sur son perchoir préféré.

L'essentiel, c'est que la sécurité prime sur tout le reste. Les jouets bon marché et les cages usées sont à proscrire.

Accessoires indispensables pour une vie bien active : les jeux.

L'ÉQUIPEMENT DE BASE

Les perruches ondulées ont absolument besoin d'une grande cage ou d'une volière d'intérieur. Pas question de les laisser voler sans surveillance quand vous êtes absent de chez vous : compte tenu de l'énergie dont elles font preuve, le risque de blessure est trop important. Le terrain de jeu idéal, c'est une grande cage équipée de jouets et d'objets à escalader, dans laquelle vos perruches sont en sécurité quand vous vous absentez. Elles doivent avoir l'impression d'y vivre chaque jour de nouvelles aventures. Mais la cage doit aussi être une oasis de tranquillité où se reposer après les promenades en liberté – ces dernières étant absolument indispensables. Les barres et les échelles sont très utiles, surtout pour les perruches âgées ou souffrant de problèmes articulaires. Elles peuvent ainsi se déplacer d'un endroit à l'autre sans avoir à voler. Les perchoirs en câble métallique sont également très appréciés, de plus ils peuvent se tordre dans tous les sens de manière à varier les plaisirs.

1 La cage

Elle doit être en métal sombre de manière à ne pas aveugler les perruches. Les barreaux doivent former un grillage sur deux côtés et comporter deux ou trois entretoises seulement sur les deux autres de manière à obliger les oiseaux à voleter quand ils veulent monter en haut de la cage. Si elle est dotée d'une grande porte et d'un perchoir intégré, les perruches auront envie d'y entrer après leur promenade. La cage doit mesurer 85 × 50 × 160 cm environ pour un couple, et 170 × 50 × 160 cm environ pour un groupe de quatre à six oiseaux. L'important, c'est qu'elle soit plus longue que haute.

2 Le sable

Les perruches ondulées ont un besoin instinctif de farfouiller le sol pour chercher leur nourriture. Pour le satisfaire, posez dans leur cage une coupe remplie de sable pour oiseaux mélangé à de la nourriture. Le sable est également indispensable pour l'hygiène dans le fond de la cage car il absorbe l'humidité des fientes. Il doit être nettoyé tous les jours et changé souvent.

3 Les jouets

Les perruches ondulées ont besoin d'activité. Par conséquent, ne soyez pas avare de jouets, balançoires, spirales, triangles, etc. Vérifiez qu'ils sont bien fixés : accrochez les balançoires et les spirales tout en haut de la cage et installez les jouets à proximité des perchoirs pour qu'elles puissent s'en servir facilement.

4 Les mangeoires

L'idéal, ce sont les mangeoires en inox. Celles en plastique finissent par se fendiller et des bactéries peuvent s'accumuler dans les fissures. Achetez deux jeux de mangeoires pour en avoir toujours un propre si vous manquez de temps.

5 Le bloc minéral

Le calcaire qu'il contient est une excellente source de calcium. C'est aussi un bon moyen pour la perruche de s'user le bec. C'est un accessoire absolument indispensable dans une cage. Les femelles ont particulièrement besoin de cet apport en calcium. Vos perruches doivent pouvoir l'atteindre facilement.

UNE CAGE OÙ IL FAIT BON VIVRE

L'équipement de la cage n'est pas le seul point à prendre en considération. Le lieu où vous l'installez compte beaucoup car vos perruches ont besoin de se sentir en sécurité.

› L'emplacement idéal est le coin d'une pièce, face à la porte par laquelle on y pénètre, mais jamais devant une fenêtre ou à côté d'une porte. Le salon ou la salle à manger sont les pièces où elles pourront le mieux participer à la vie de famille.

› Les perruches ondulées n'apprécient pas trop le soleil direct. Si la pièce est très claire, assurez-vous qu'elles disposent d'un endroit pour se mettre à l'ombre.

Le perchoir idéal : une branche d'arbre qui masse leurs voûtes plantaires, une zone sensible, et sur laquelle l'oiseau peut user ses griffes.

Les perchoirs

Chaque perruche ondulée a besoin d'au moins un perchoir, qu'il soit suspendu ou installé au sol, qui lui permette de se poser. Il doit offrir de nombreuses possibilités de distraction. Vous pouvez y déposer des fruits et légumes à picorer ou y installer un parcours d'escalade. Accrochez par exemple au plafond de la cage une demi-noix de coco ou une corbeille en herbes tressées (non traitées) : vos perruches pourront y cacher de la nourriture et y jouer. N'installez jamais un perchoir à proximité d'une porte car le risque de blessure est trop important. Et veillez à ce que le sol soit facile à nettoyer au-dessous des perchoirs, car elles y feront de fréquents séjours et y laisseront de nombreuses déjections.

Le confort avant tout

Les perruches ondulées passent le plus clair de leur temps perchées sur une branche. Celle-ci doit donc être de la meilleure qualité possible. Choisissez des branches de saule, de noisetier ou d'arbre fruitier non traité, de différents diamètres. Les perchoirs en plastique ou en bois vendus dans le commerce abîment les pattes des perruches et peuvent provoquer des ulcérations douloureuses dues à une pression excessive sur les pattes du fait qu'elles ne changent jamais de position. L'idéal, ce sont des branches naturelles (une ou deux), une corde à escalader et une barre recouverte de sable installée dans le tiers inférieur de la cage, sur laquelle les perruches peuvent user leurs griffes à chaque passage.

Des distractions indispensables

Les oiseaux domestiques ont moins de problèmes de comportement quand on leur propose régulièrement des jouets nombreux et variés. On conseille jusqu'à cinq jouets différents pour occuper les petits psittacidés dans leur cage (voir p. 57). Si l'on considère que deux perruches ont besoin de cinq jouets et de plusieurs perchoirs, on imagine la taille que la cage doit avoir. Pour éviter qu'elles s'ennuient, changez chaque semaine l'un des jouets. Des études universitaires menées en Californie l'ont prouvé : seuls leurs jouets préférés devront rester en permanence dans la cage. N'oubliez pas de vérifier tous les jours que les jouets ne présentent aucun danger. Si vos perruches sont jeunes, et donc encore anxieuses, attendez qu'un climat de confiance se soit établi entre vous pour changer les jouets.

MON CONSEIL. Si vos perruches sont d'un naturel anxieux, choisissez des jouets derrière lesquels elles pourront se cacher. Les perruches ondulées apprécient de pouvoir se retirer quand elles ne supportent pas l'agitation de la vie familiale. Vous pouvez aussi couvrir la moitié de la cage d'une serviette pour qu'elles s'habituent plus facilement à une certaine animation.

ÉVITER LE STRESS DÈS LE DÉBUT

Si l'une de vos perruches a l'air stressé ou qu'elle est sans arrêt chassée de son perchoir ou de la mangeoire par une autre, le problème vient peut-être de l'aménagement intérieur de la cage. Les perchoirs sont peut-être installés trop bas et les balançoires trop haut, et les jouets sont peut-être trop encombrants. Si vous ne trouvez pas la cause du problème, n'hésitez pas à consulter un comportementaliste.

Avec un perchoir en corde, les perruches peuvent à la fois faire de l'escalade et se balancer. Pour que leurs griffes ne restent pas accrochées, coupez tous les jours les fils qui dépassent.

Deux fois plus de plaisir : toutes les perruches adorent se balancer dans les airs ; s'il y a en plus une friandise à gagner (du persil par exemple), c'est encore mieux !

BIENVENUE À LA MAISON

Le grand jour est arrivé : vous ramenez votre perruche à la maison. Pour bien démarrer votre vie commune, commencez par la transporter dans de bonnes conditions. Les perruches ondulées sont souvent « emballées » dans des boîtes en carton munies de fentes d'aération. Néanmoins, pour que le voyage soit plus agréable pour votre oiseau, optez plutôt pour une boîte de transport en plastique munie d'une porte à charnière. Vous pourrez ensuite la réutiliser pour la visite de contrôle annuelle chez le vétérinaire. Évitez de la mettre en plein soleil dans la voiture. Ne la posez pas sur la lunette arrière : prenez-la plutôt sur vos genoux si vous ne conduisez pas.

À LA MAISON, la cage et la nourriture doivent déjà être prêtes de manière à ce que votre perruche puisse immédiatement emménager dans sa nouvelle maison. Ouvrez la boîte de transport et posez-la dans la cage. Vous n'allez pas tarder à la voir sortir et commencer par voleter avec appréhension dans la cage. Reculez de quelques pas pour qu'elle se calme le plus rapidement possible.

QUAND LA CAGE DEVIENT REFUGE

Ne forcez jamais une perruche ondulée à sortir de sa cage. Si elle n'en a pas envie, c'est peut-être parce qu'elle souffre du « cage-bonding syndrom ». Elle a vécu de mauvaises expériences et elle manque d'assurance. Soyez très patient et aidez-la : posez de la nourriture sur une branche près de la porte de la cage, et tournez la tête sur le côté pour lui montrer que vous ne lui voulez aucun mal.

PENDANT LES PREMIÈRES HEURES, elle sera effrayée et nerveuse. Cette réaction est normale après le voyage qu'elle vient de faire. Au bout d'un moment, elle va commencer à mettre de l'ordre dans son plumage et éventuellement manger un peu. Elle va escalader tous les coins de la cage pour se repérer puis se mettre à explorer son nouvel environnement. Même si c'est difficile pour vous et votre famille, laissez votre perruche tranquille le premier jour. Vérifiez qu'elle boit assez et qu'elle s'intéresse à ce qui l'entoure. Si elle reste immobile sur le sol, l'air absent, emmenez-la immédiatement chez le vétérinaire ! Le stress du « déménagement » déclenche parfois une infection. Par ailleurs, évitez de lui infliger les visites de vos amis tant qu'elle n'a pas pris tous ses repères. Avant d'acheter une deuxième perruche, attendez que celle-ci soit bien acclimatée et intégrée dans la famille. L'acclimatation est plus rapide sans partenaire pour la distraire. Dès que la première a confiance en vous, achetez une deuxième perruche. Isolez-la de sa compagne pendant au moins deux semaines (idéalement quatre). Cette quarantaine protège la première venue des maladies et vous laisse le temps de construire une relation avec la deuxième. Dès que vous êtes certain que cette dernière est en bonne santé, regroupez vos deux perruches.

Les premières semaines à la maison

Les perruches ondulées apprécient la routine, car elle les rassure. Par conséquent, nourrissez tous les jours vos oiseaux à la même heure et agissez toujours avec douceur.

RASSUREZ-LES. Quand vous êtes occupé dans la cage, tournez légèrement la tête sur le côté. Les humains ont un visage de prédateur : nos yeux regardent droit devant, notre nez est très gros et nos mains sont énormes aux yeux d'une perruche. En tournant la tête, vous présentez une autre image à vos oiseaux et vous les calmez. Pour qu'ils s'habituent à votre voix, chantonnez ou parlez-leur d'une voix douce.

LES ENFANTS. Dans un premier temps, laissez-les jouer avec leurs perruches uniquement sous votre surveillance. En effet, les mouvements brusques et le bruit effrayent les perruches et perturbent leur acclimatation.

UN SOMMEIL RÉPARATEUR. Veillez à ce que vos perruches dorment suffisamment. Si elles ont peur du noir, elles vont essayer de voler et risquent de se blesser contre les barres d'escalade. Dans ce cas, laissez-leur une veilleuse.

Les autres animaux de la maison

Si vous avez d'autres animaux domestiques, faites preuve de patience pour habituer vos perruches à leur présence.

AUTRES OISEAUX. Les perruches n'ont en général aucun mal à cohabiter avec d'autres espèces d'oiseaux.

CHIENS ET CHATS. Ils font peur aux perruches. Apaisez vos oiseaux avec des paroles douces quand votre chien (ou votre chat) est dans la pièce, et faites-lui comprendre que ce ne sont pas des proies. Apprenez à votre chien à obéir quand vous lui dites « Pas toucher », pour qu'il lâche sa proie si par malheur il en attrapait une quand elles se promènent en liberté. Et si votre chat en griffe une, emmenez-la immédiatement chez le vétérinaire.

Le premier vol en liberté

Il représente une grande aventure à la fois pour les perruches et pour leur maître (voir p. 51). Assurez-vous d'abord que toutes les fenêtres et portes sont bien fermées, et prévenez tous les membres de la famille. Au début, elles vont être un peu inquiètes et ne se poser que sur les objets très hauts. Mais avec quelques astuces et

La perruche ondulée aime bien se percher le plus haut possible. Elle se sent plus en sécurité, car elle peut voir tout ce qui se passe.

de la patience, vous arriverez à les apprivoiser petit à petit.

› Détendez-vous et installez-vous avec un livre pour que les perruches puissent se familiariser en toute tranquillité avec ce nouvel environnement. De temps en temps, parlez-leur gentiment et encouragez-les avec insistance. En général, il suffit d'une petite branche de millet posée sur l'accoudoir du canapé près de vous ou sur la table pour briser la glace. Elles se rendront bientôt compte qu'elles peuvent avoir confiance en vous.

› Dès que vos oiseaux commencent à manger en toute tranquillité près de vous, parlez-leur gentiment et posez votre main près de la branche de millet. Observez leur langage corporel et respectez la limite au-delà de laquelle l'inquiétude les gagne. Faites de ce geste un rituel et réduisez petit à petit la distance entre votre main et le millet, jusqu'à ce qu'elles viennent chercher la friandise sur votre main en toute confiance.

› Commencez à lever doucement la main. Elles considéreront ce mouvement comme normal et elles n'auront plus aucune appréhension.

1 INSTAURER LA CONFIANCE. Avancez lentement vers la cage en décrivant un arc de cercle, tout en lui parlant. Si elle a un mouvement de recul, arrêtez-vous et attendez qu'elle se détende. Si elle accepte votre présence, attirez-la avec une branche de millet. Encouragez-la pendant qu'elle mange. Recommencez l'exercice plusieurs fois par jour jusqu'à ce qu'elle soit bien habituée à vous.

2 L'APPROCHE. Dès que vous voyez que votre perruche se réjouit de vous voir arriver, entrebâillez la porte de la cage – ne l'ouvrez pas en grand tout de suite pour ne pas l'effrayer. Dès que l'ouverture est assez grande pour qu'elle puisse passer, tendez-lui le millet d'une main et proposez-lui l'autre comme perchoir. Attirez-la sur celle-ci avec le millet. Répétez l'exercice plusieurs fois par jour, sans jamais la forcer.

3 LES PREMIERS PAS. Dès que vo[tre] perruche accepte de se percher su[r] votre main, éloignez-vous lenteme[nt] de la cage. Prononcez des ordres comme « Allez » ou «Vas-y » pour indiquer comment se comporter e[t] faciliter la communication. Attend[ez] que votre perruche vienne vers vo[us] pour lui donner une friandise. Ne soyez pas avare de commentaires et montrez-lui que vous êtes conte[nt] qu'elle vous fasse confiance.

COMMENT NOURRIR CORRECTEMENT UNE PERRUCHE ONDULÉE

Le régime alimentaire qui convient aux perruches ondulées n'est pas facile à mettre en place. En effet, elles appartiennent à une famille d'oiseaux (les psittacidés) qui ont tendance à souffrir d'obésité et de tous les problèmes de santé qui y sont liés. Il n'existe pas de règle en matière de quantité. Les dépenses énergétiques sont liées à la taille de l'oiseau, au temps qu'il passe en liberté à l'extérieur de la cage, à son mode de vie social (en groupe, il dépense beaucoup plus d'énergie qu'à deux). Qui plus est, certains oiseaux débordent de vitalité tandis que d'autres préfèrent rester perchés toute la journée sur leur branche. Pour éviter que vos perruches prennent trop de poids, demandez une fois par an à un vétérinaire spécialisé de vérifier leur état.

Les mélanges de graines

L'alimentation de base de toutes les perruches ondulées est un mélange équilibré de graines, composé par exemple de 45 % d'éleusine et/ou de millet des oiseaux, 25 % de millet blanc et 25 % de graines pour canaris. Les 5 % restants peuvent être constitués d'avoine, qui peut aussi être donnée sous forme de germes. Dans les boutiques, les graines sont souvent proposées dans des récipients ouverts permettant à chaque acheteur de créer son propre mélange. Mais ces récipients sont un véritable bouillon de culture pour les larves de la pyrale de la farine et autres mites alimentaires. Par conséquent, optez plutôt pour les emballages en plastique scellés et vérifiez toujours la date limite de consommation. Conservez les paquets ouverts au frais, à l'abri de la lumière et au sec (réfrigérateur ou cellier). Ne donnez jamais à vos perruches un aliment qui sent mauvais ou qui est moisi. Si vous avez un doute sur la qualité de vos graines, faites un test : faites-en germer quelques-unes pendant deux jours dans un germoir automatique. Si elles ne germent pas ou seulement partiellement, jetez-les ; elles sont certainement avariées. Distribuez toujours vos graines tôt le matin et en fin d'après-midi, de manière à reproduire le rythme naturel des perruches sauvages. Si vous voulez créer un peu d'animation, vous pouvez aussi répandre la ration du matin dans une coupe de sable. Cela oblige les oiseaux à fouiller et à trier les graines. Le soir, laissez-les néanmoins se rassasier en picorant directement dans une mangeoire.

Les vitamines

Dans la journée, vos perruches doivent avoir suffisamment de verdure, de légumes et de fruits pour s'occuper. Évitez les biscuits secs et autres friandises riches en nutriments car ils risquent de les rendre obèses. Vous pouvez toutefois faire une exception de temps en temps, par exemple après une maladie.

UN PEU DE RECHERCHE

LES MÉLANGES DE GRAINES SAUVAGES

Elles contiennent de nombreuses petites graines qui ressemblent à l'alimentation naturelle de la perruche ondulée. Ces graines peuvent être données en complément des autres graines car elles contiennent peu de nutriments. Mélangez les deux et versez-les dans une coupe remplie de gravier propre. En fouillant pour les trouver, vos perruches satisferont leur instinct naturel.

HERBES VARIÉES. *Les herbes contiennent une grande quantité de vitamines et de minéraux. Autre avantage : elles permettent aux perruches de s'occuper. Le pissenlit est riche en vitamine A. Donnez-leur les feuilles à manger avant la floraison de la plante, car elle prend ensuite un goût plus amer. Le mouron blanc pousse un peu partout, mais récoltez-le uniquement dans les endroits propres. Pour l'hiver, pensez à cultiver vos herbes dans une jardinière installée sur un rebord de fenêtre.*

FRUITS SUCRÉS. *En ce qui concerne les fruits, la perruche ondulée est difficile : elle adore les pommes et les poires, mais elle dédaigne souvent les fruits mous. La teneur en vitamine C n'a aucune importance puisqu'elle la synthétise. Ne laissez pas traîner les fruits dans la cage car ils pourrissent vite. Donnez-les entiers pour que vos oiseaux soient obligés de les grignoter, ce qui est un bon moyen pour les occuper. Évidemment, lavez bien les fruits avant de les leur donner, et évitez ceux qui sont traités.*

LÉGUMES OBLIGATOIRES. *Proposez au moins trois sortes de légumes par jour à vos perruches. Le chou-rave et la carotte peuvent séjourner sans problème toute une journée dans la cage ; en revanche, retirez le concombre au bout de quelques heures.*

MILLET EN GRAPPES. C'est la friandise préférée des perruches ondulées. Utilisez-la surtout pour éduquer vos perruches. Elles doivent apprendre que c'est vous qui distribuez les friandises. Leur confiance en vous et le lien qu'elles tissent avec vous n'en sera que plus fort.

FRUITS ET LÉGUMES. Ces deux groupes d'aliments constituent un complément important. Parmi les fruits, les perruches ondulées semblent préférer tout ce qui est dur. Les pommes et les poires sont les favorites. Mais elles apprécient aussi beaucoup les légumes. La carotte est à la fois riche en vitamine A et très amusante : piquez-en par exemple des morceaux dans du concombre ou de la courgette, ou enroulez des épluchures (pensez au couteau-économe !) autour des barreaux de la cage. Le chou-fleur et le brocoli peuvent aussi faire l'objet d'un jeu : au lieu d'une petite balle, proposez à vos perruches une fleurette ; elles s'amuseront à la faire rouler par terre. La betterave rouge est également très appréciée, mais elle a l'inconvénient de tacher. Ne vous étonnez pas de voir la face de vos oiseaux colorée en rouge ; c'est le signe que le mets leur a plu. La betterave rouge donne souvent une teinte brunâtre aux déjections ; cela ne doit pas vous inquiéter. La tomate et le poivron peuvent entraîner des problèmes au niveau du jabot chez les sujets sensibles. Il est préférable d'éviter ces légumes.

HERBES SAUVAGES. Elles doivent absolument figurer au menu des perruches ondulées. Elles sont peu caloriques et pleines de vitamines, et constituent une occupation merveilleuse. Outre le mouron blanc, la bourse-à-pasteur et le ray-grasss, vous pouvez aussi leur donner un peu de renouée des oiseaux (surtout les fleurs), du plantain, du pied-de-coq, de l'éleusine et de la sétaire glauque. L'oseille est une friandise très appréciée, mais on n'en trouve malheureusement qu'au printemps. Les perruches apprécient surtout ses fleurs et ses graines fraîches.

HERBES AROMATIQUES. On trouve toute l'année du persil, de l'oseille, du cresson et du basilic (non traités) au rayon légumes. L'hiver, ils constituent une bonne alternative aux herbes sauvages. Remplissez-en un récipient que vous accrocherez sur un support pour mangeoire. Vous ne tarderez pas à voir vos oiseaux installés dans la verdure.

ASTUCE. Rincez et frottez consciencieusement les légumes et les fruits avant de les donner à vos perruches. Évitez à vos oiseaux tout contact avec des pesticides, nocifs pour leur système immunitaire. Si vous avez des doutes, achetez-les dans un magasin bio.

1 À deux, c'est encore meilleur ! Les perruches commencent par leurs graines préférées, avant de s'attaquer aux autres.

2 Un bon moyen pour gagner sa confiance et lui faire faire du sport : pour pouvoir déguster cette friandise (du millet), la perruche doit faire des acrobaties ou voler.

L'eau

L'eau est absolument indispensable à la bonne santé des perruches ondulées. Dans la nature, c'est même sa disponibilité qui détermine le cycle de reproduction.

› Veillez à ce que vos perruches aient toujours à leur disposition de l'eau potable propre. Changez-la au moins deux fois par jour. Vous n'avez pas besoin d'acheter une eau spéciale dans la mesure où l'eau du robinet est de bonne qualité et qu'elle est en permanence soumise à des contrôles.

› Les distributeurs d'eau équipés d'un tube sont à éviter car ils sont difficiles à nettoyer et que les petits recoins peuvent devenir des nids à microbes. Les abreuvoirs en inox, en revanche, sont faciles à laver et passent même au lave-vaisselle.

› On lit souvent qu'il faut ajouter à l'eau des perruches des compléments en vitamines et en minéraux. Cela n'a pas de sens et peut même leur nuire car elles refusent souvent de boire cette eau. Il est vrai qu'elles sont capables de survivre longtemps sans eau grâce à leur métabolisme particulier, à condition de consommer par ailleurs des aliments frais. Mais cela n'est pas sain. Qui plus est, les vitamines contenues dans l'eau se dégradent rapidement sous l'effet de la lumière et perdent leur intérêt. En apportant ces nutriments, on introduit aussi des bactéries qui finissent par former une couche gluante au fond de l'abreuvoir – un bouillon de culture idéal pour provoquer des infections !

› N'administrez aucun médicament en le mélangeant à l'eau de vos perruches. L'effet n'est jamais garanti car il est impossible de contrôler la quantité finalement ingurgitée. Optez plutôt pour un autre mode d'administration (voir p. 76), plus hygiénique et plus sain.

CONSEILS D'EXPERT

Alimentation : éviter les erreurs

AVOCAT
N'en donnez jamais à vos perruches, même en toute petite quantité, car il est toxique pour elles ! Transmettez l'information à toutes les personnes susceptibles de leur donner à manger.

HERBES SAUVAGES
Ne les cueillez surtout pas en bordure de routes très fréquentées ou sur un carrefour ! Leur concentration en substances nocives est en effet trop élevée.

GRAINES DE CARTHAME
Évitez les mélanges de graines qui en contiennent ! Leur teneur en lipides est trop élevée. Et l'excès de graisse expose les perruches à des problèmes cardio-vasculaires.

CHANVRE
Évitez là aussi les mélanges qui en contiennent. Les perruches ondulées réagissent à la consommation de chanvre par une poussée hormonale. Les femelles cherchent alors plus activement un trou où nicher et en défendent l'accès aux autres membres du groupe.

CONSÉQUENCES D'UNE MAUVAISE ALIMENTATION
Les erreurs peuvent entraîner chez la femelle un trouble appelé « ponte chronique », qui peut lui être fatal. Soyezbien vigilant.

Demandez conseil au vétérinaire pour choisir le bon mélange de graines *(voir p. 37).*

ÉTABLIR DÈS LE DÉPART UNE RELATION DE CONFIANCE

Au début, vos perruches ne vont pas se sentir en sécurité et elles seront angoissées. Néanmoins, en respectant quelques règles simples et en étant à l'écoute de leur langage corporel, vous romprez rapidement la glace.

ELLES AIMENT

+ Approchez-vous toujours de la cage en tournant la tête et parlez-leur beaucoup pour qu'elles s'habituent à votre voix.

+ Préparez toute la famille à leur arrivée. Expliquez à tous quelle sera la conduite à tenir.

+ Ne laissez vos oiseaux voler en liberté que sous surveillance. En effet, le risque de blessure est trop important et justifie votre présence.

+ Ayez sous la main un répertoire avec le numéro d'urgence du vétérinaire, celui d'une personne susceptible de venir les garder, et celui d'un comportementaliste pour ne pas perdre de temps en cas d'urgence.

ELLES DÉTESTENT

– N'élevez jamais une perruche ondulée seule. Elle risque de s'ennuyer et aura besoin de vous en permanence.

– Les premiers jours, évitez les visites et l'agitation à proximité de la cage car elles ne se sentent pas encore en sécurité.

– Ne laissez jamais le chien ou le chat seuls avec vos perruches. Le risque d'accident est trop important.

– Ne les attrapez pas avec vos mains car ce geste provoque une anxiété énorme. Elles doivent d'abord lui inspirer confiance.

Une cohabitation sereine

Vivre avec des perruches ondulées apporte de nombreuses joies. Ces petits psittacidés sont en effet pleins de vie et font sans cesse preuve d'intelligence, de curiosité, de sensibilité et d'intuition. Une chose est sûre : vous ne risquez pas de vous ennuyer en leur compagnie.

DE L'ACTION, DES JEUX ET DU SUSPENSE

Les perruches ondulées adorent la compagnie. Elles ont besoin d'un partenaire – homme ou congénère – dans toutes leurs activités. Une fois qu'un climat de confiance a été établi entre elles et la famille, elles peuvent accompagner les enfants dans leurs devoirs, vous tenir compagnie quand vous épluchez vos légumes ou s'installer confortablement à vos côtés quand vous regardez la télévision le soir.

Toujours prêtes

Les perruches ondulées sont réputées pour leur bonne humeur, leur tempérament et leur joie de vivre. Les jours ne sont pas monotones quand on les passe auprès d'elles. Leur curiosité, leur intelligence et leur caractère enjoué sont exceptionnels. Elles vous accueillent le matin par un gazouillis joyeux et accompagnent les émissions matinales de radio d'un chant enthousiaste. Elles suivent tous vos gestes d'un œil attentif et vous suivent même partout ! Si vous faites quelque chose qui les intéresse particulièrement, elles se posent sur votre bras pour mieux voir. Et si vous faites des choses qui leur déplaisent, elles mettent toute leur énergie à perturber leur déroulement.

Une vie sociale riche en événements

Si vous n'avez pas de temps pour elles, les perruches ondulées se tournent vers leurs congénères pour jouer, chanter ou se faire mutuellement la toilette. Dans un petit groupe, des couples se forment, des conflits éclatent, suivis de réconciliation, un don juan brise le cœur d'une femelle, des drames de la jalousie se trament et des amitiés profondes se nouent. Tous ces événements font partie de la vie normale d'une perruche ondulée.

ÉTABLIR UN LIEN DE COMPLICITÉ

Les organes sensoriels de la perruche ondulée sont très développés. C'est la raison pour laquelle les humains la trouvent aussi éveillée et maligne. Car rien ne lui échappe. Les yeux disposés sur les côtés de la tête lui permettent de voir quasiment à 180°. Les pieds dotés de cellules sensorielles très sensibles perçoivent la moindre vibration. Par conséquent, n'essayez pas de vous approcher discrètement de vos perruches : vous n'avez aucune chance de passer inaperçu. Et grâce à leur sensibilité, leur intelligence et leur talent d'imitateur, une sorte d'amitié sincère peut se nouer entre elles et vous.

Discussion entre amis : les mâles sont beaucoup plus bavards et sociables que les femelles.

Un impératif : bien communiquer

Les perruches ondulées adorent communiquer et le silence n'est pas leur fort. Mais elles ne font pas que jacasser chacune de leur côté ; elles se font comprendre de leurs partenaires (humains ou oiseaux). On sait aujourd'hui que les perruches parlent beaucoup plus vite que nous et qu'une bonne partie de leur langage nous échappe. Elles parlent tout simplement trop vite pour nous. Par ailleurs, les perruches ont un dialecte qui leur est propre et qui est commun à tout leur groupe. Il suffit d'incorporer une nouvelle perruche dans le groupe pour s'en rendre compte : au début, elle est très silencieuse et écoute attentivement les bruits de sa nouvelle « famille ». Une fois qu'elle a appris ce nouveau dialecte, elle prend part à la conversation avec entrain. Il est intéressant de constater que les femelles ont un cri de contact qui leur est propre et que les mâles apprennent. L'inverse n'est pas vrai.

Un langage très développé

Les perruches ondulées appartiennent à la catégorie des psittacidés capables d'imiter la voix de l'homme, mais toutes n'apprennent pas à parler. D'une façon générale, on peut dire que les femelles parlent très peu. Elles préfèrent entendre les mâles chanter pour elles. En revanche, les mâles possèdent un répertoire très étendu et apprennent très vite les nouveaux sons. Les perruches ondulées ont un débit très rapide et leurs sons ont une fréquence élevée. C'est la raison pour laquelle les enfants ont souvent plus de facilités à les comprendre.

› Pour stimuler une perruche prédisposée à la parole, commencez par des mots et des phrases courts. La condition préalable, c'est qu'elle soit en bonne santé et qu'elle vive dans un environnement stimulant.

› Pour faciliter la communication avec votre perruche, accompagnez chaque geste d'une phrase simple, toujours la même. Par exemple : « Tu veux une carotte ? Tiens ! »

La perruche est un auditeur attentif et elle a vite fait d'apprendre la « langue » parlée autour d'elle pour pouvoir communiquer avec son groupe.

LE PLAISIR D'APPRENDRE

FAITES TRAVAILLER vos perruches uniquement quand elles sont de bonne humeur. N'utilisez jamais le mot « non » et ne leur faites jamais de reproches sur leur prononciation. Elles ne comprendraient pas.

MONTREZ-LEUR que vous êtes content quand elles commencent à imiter des sons, et donnez-leur une friandise supplémentaire.

L'INTELLIGENCE des perruches doit être stimulée par le jeu, le plaisir et la participation active. Les friandises vendues dans le commerce et censées les rendre plus intelligentes ne servent à rien. Investissez plutôt dans un nouveau jouet et aimez vos perruches telles qu'elles sont, même si elles ne sont pas très douées pour parler.

› Prononcez les mots que vous voulez leur apprendre à voix haute et avec enthousiasme. C'est un bon moyen pour faire cesser les bavardages et les obliger à vous regarder attentivement. À partir de là, elles peuvent vous écouter et apprendre.

› Associez progressivement de plus en plus de mots à des activités précises et félicitez vos perruches avec insistance lorsqu'elles font leurs premières tentatives pour parler. Néanmoins, ne passez pas une heure à répéter la même phrase : vous allez les ennuyer et elles ne vous écouteront plus.

Malgré cela, rien ne vous garantit que vos oiseaux parleront. De la même façon que nous apprenons plus ou moins facilement une langue étrangère, les perruches ondulées parlent plus ou moins facilement.

LE LANGAGE CORPOREL : COMPRENDRE LES SIGNAUX

La perruche ondulée dispose d'un langage corporel riche qui lui permet d'exprimer beaucoup de choses.

TOUT VA BIEN. Quand elle est détendue et de bonne humeur, la perruche ondulée se tient droite sur son perchoir, appuyée sur ses deux pattes, le plumage bien à plat sur le corps ou légèrement ébouriffé, et elle chantonne. Lorsqu'elle est particulièrement joyeuse, les plumes de la tête sont dressées, les pupilles rétrécies et le poitrail est bombé.

CRÉER UN CLIMAT DE CONFIANCE. Quand les perruches sont anxieuses, elles rabattent les plumes contre leur corps et se font toutes longues et fines. La plupart des perruches ne bougent plus quand elles ont peur, dans l'espoir qu'elles passeront ainsi inaperçues. Quand elles ont vraiment trop peur, elles décollent les ailes du corps de manière à être prêtes à fuir à tout moment. Si l'une de vos perruches se comporte de cette façon, faites en sorte de lui redonner confiance. Elle a sans doute vécu de mauvaises expériences avec les humains auparavant.

ÉLOIGNEZ-VOUS jusqu'à ce qu'elle se détende à nouveau. Vous pouvez coller un morceau de ruban adhésif coloré par terre de manière à mémoriser cette distance. Donnez-lui une friandise à chaque fois que vous approchez d'elle. Rapprochez-vous d'elle pas à pas jusqu'à ce qu'elle ait davantage confiance en vous.

Toilette entre amis

Même domestiquées, les perruches ondulées nouent de véritables amitiés entre elles. Le phénomène concerne essentiellement les mâles. Pour renforcer leurs liens, ils paradent l'un devant l'autre et se nourrissent mutuelle-

Le bien-être absolu : cette perruche est détendue, son plumage est ébouriffé et elle ne va pas tarder à sombrer dans le sommeil. Après la pause, les étirements. Ils se font eux aussi dans la bonne humeur.

La jalousie est monnaie courante chez les perruches quand il s'agit de nourriture. Une friandise, ça ne se partage pas, et ça se défend bec et ongles !

ment, sans prendre ombrage d'une éventuelle relation de l'un d'entre eux avec une femelle. C'est surtout l'entretien mutuel du plumage qui renforce les liens sociaux au sein du groupe. Cette activité occupe les perruches ondulées une bonne partie de la journée. Pour commencer, l'une des perruches s'approche lentement de l'autre et tend le cou vers elle. Si le courant passe entre elles, elles se mettent à se faire mutuellement leur toilette : elles lissent leurs plumes des ailes ou de la queue avec leur bec. L'entretien du plumage sert aussi à renforcer les liens du couple. Au cours de cette opération, elles insistent particulièrement sur la tête, car elles ne peuvent pas se la nettoyer toutes seules.

L'amitié a ses limites

Quels que soient leurs liens d'amitié, les perruches ondulées sont très jalouses les unes des autres quand il s'agit de nourriture et elles défendent leur part avec véhémence. Elles ne partagent pas non plus leur perchoir avec le premier venu. Elles lèvent une patte, menacent l'autre du bec et soulèvent les ailes de manière à faire passer le message : « C'est ma branche, va-t-en ailleurs ! » Les grosses bagarres sont néanmoins plutôt rares chez les perruches ondulées. Elles se produisent surtout entre femelles au moment de la nidification, lorsqu'elles se disputent un même endroit pour nicher. Il est donc conseillé de mettre à la disposition des couples plus de nichoirs que de femelles pour éviter la concur-

Veillez à la bonne entente entre vos perruches en leur proposant plusieurs jeux et perchoirs.

rence. Quand une perruche devient brusquement agressive sans que vous sachiez pourquoi, emmenez-la immédiatement chez le vétérinaire car elle est sans doute malade.

Certaines perruches ont un tel aplomb qu'elles chassent les congénères plus petites ou plus timides de leur perchoir. Si cela vous arrive, ajoutez plusieurs sortes de perchoirs dans la cage et répartissez la nourriture en plusieurs endroits de manière à ce que la perruche la plus faible puisse manger suffisamment. Les oiseaux les plus petits deviennent souvent au fil du temps les plus malins.

Compte tenu de la richesse de sa vie sociale, la perruche ondulée a régulièrement besoin de pauses. Pour dormir, elle choisit souvent sa branche préférée. Elle chantonne doucement pour elle-même, ébouriffe son plumage et lève une patte. Le chant se transforme en faible gazouillis, puis en grincements de bec. C'est le signe que la perruche est parfaitement détendue. Les yeux se ferment, et elle rentre la tête dans les plumes de son dos. Elle s'est bercée toute seule. Parfois, elle enfouit son bec dans ses plumes, en tournant la tête presque à 180°.

LA GRANDE AVENTURE

Les perruches ondulées, expertes en acrobaties aériennes, ont besoin de voler en liberté plusieurs heures par jour. L'idéal est de choisir le moment de la promenade en fonction de leur rythme naturel. Après le réveil et la toilette du matin, les perruches aiment bien se dégourdir les ailes. Si vous devez quitter votre domicile après ce premier vol en liberté, elles auront au moins eu un peu d'activité et pourront jouer dans la cage jusqu'à ce que quelqu'un rentre et les laisse à nouveau sortir.

QUELQUES PRÉCAUTIONS. Le vol en liberté ne doit présenter absolument aucun risque et les perruches doivent pouvoir se poser à différents endroits. Une chambre d'enfant n'est généralement pas un bon endroit car ils oublient souvent que les oiseaux vont où ils veulent, ce qui peut conduire à des accidents.

Il arrive souvent qu'une perruche s'enfuie par une porte ouverte par inadvertance et ne retrouve jamais le chemin de sa maison. Son destin est vite pris en main par les rapaces qui rôdent dehors. C'est la raison pour laquelle tous les membres de la famille doivent savoir à quel moment les perruches sont en liberté.

Les conditions du succès

La promenade doit être particulièrement stimulante, car vos perruches ont besoin de vivre autre chose que ce qu'elles vivent en cage. Elles ont aussi besoin de faire le plus d'exercice possible. Par conséquent, installez les perchoirs le plus loin possible de la cage. Assurez-vous aussi que vous

La perruche ondulée est très douée pour le vol. Les manœuvres audacieuses, les piqués et les saltos n'ont pas de secrets pour cette acrobate – à condition que son plumage soit en bon état.

disposez de suffisamment de temps pour que le retour dans la cage ne soit pas stressant.

PARCOURS. Équipez les perchoirs de divers accessoires de « gymnastique », par exemple avec une spirale qui sert de balançoire et permet aussi de jouer à monter et descendre. Prévoyez aussi des jouets pour que la promenade soit vraiment le meilleur moment de la journée. Les perruches ondulées adorent notamment les triangles. Pour que leur bonheur soit complet, accrochez une clochette au milieu d'un perchoir.

LE RETOUR DANS LA CAGE. De nombreux propriétaires ont du mal à faire rentrer leurs perruches dans leur cage après la promenade. Les grandes cages équipées d'une très grande porte avec perchoir intégré permettent d'éviter ce stress. Pensez aussi à renouveler leur nourriture et leur eau et placez un petit peu de millet bien en évidence.

Mettez vos oiseaux dans leur cage, félicitez-les avec enthousiasme et refermez-la lentement. Si vous n'arrivez pas à les faire rentrer du premier coup, faites autre chose pendant quelques minutes. Cela ne sert à rien de leur mettre la pression : elles vous éviteront quand vous vous approcherez et une poursuite inutile commencera ; elles n'auront plus confiance en vous et, lors de la promenade suivante, vous n'arriverez plus du tout à les remettre dans la cage. Par conséquent, attendez quelques minutes avant de refaire une tentative. Elles sentiront que vous n'êtes pas pressé et les choses se passeront bien.

Bien des propriétaires de perruches entretiennent un lien affectif avec elles. Attention aux zoonoses comme la psittacose, cependant.

CONSEILS D'EXPERT

Les risques potentiels pendant la promenade

LES FENÊTRES

entrebaîllées et les portes ouvertes peuvent provoquer des blessures et permettre aux perruches de s'échapper.

LES TAPIS ET MOQUETTES

à grosses boucles peuvent se transformer en piège pour leurs griffes.

LES VAPEURS DE CUISSON, LES SPRAYS ET LES BOUGIES PARFUMÉES

sont nocifs, voire mortels.

LES VERRES ET LES VASES

peuvent leur donner envie de boire mais se transformer aussi en piège mortel si elles tombent dedans.

LES CÂBLES ÉLECTRIQUES

sont tentants pour des oiseaux qui aiment bien ronger les fils. Mettez-les hors de leur portée !

LES PLANTES D'INTÉRIEUR TOXIQUES

peuvent être mortelles. Remplacez-les par des plantes moins dangereuses.

LES BOUGIES

allumées sont à éviter tant qu'elles se promènent.

LES CIGARETTES

sont à proscrire dans la pièce où elles vivent. Évitez-leur tout contact avec la nicotine.

PLACE AU JEU

Dans la nature, les perruches ondulées passent une bonne partie de la journée à se déplacer jusqu'aux points de ravitaillement, à manger et à chercher de l'eau. Chez nous, leur vie est nettement plus confortable. Comme elles n'ont quasiment pas besoin de chercher leur nourriture, elles ont plus de temps pour jouer et chahuter. Leur vitalité s'accompagne d'un penchant très marqué pour les bêtises. Si vous voulez contenir l'instinct de rongeur et de joueur de vos oiseaux dans des limites raisonnables et stimuler leur intelligence, faites preuve d'imagination. Chaque perruche a ses préférences et vous devez en tenir compte.

COMPRÉHENSION ET RESPECT

PAS DE CONTRAINTE.

N'imposez jamais un jeu à vos perruches. Jouer doit être quelque chose d'amusant et de non contraignant. Si vous voyez une perruche se détourner ou se sauver, avoir peur d'un jouet ou être fatiguée et déconcentrée, laissez-la tranquille. Elle vous a clairement fait comprendre qu'elle n'avait pas envie de jouer, et vous devez respecter ce choix.

MÉNAGEZ-LES.

Expliquez aussi à vos enfants comment interpréter ces signaux. Ils ne signifient pas que la perruche ondulée n'aime plus son petit maître mais qu'elle n'a tout simplement aucune envie de jouer. Élever des perruches, c'est aussi apprendre à être patient !

Les bases

Les perruches ondulées apprennent surtout en observant. Elles suivent tous les mouvements de leur maître des yeux et il n'est pas rare de les voir perchées sur son épaule pour voir ce qu'il fait. Servez-vous de cette habitude et apprenez-leur un petit tour en leur proposant un entraînement une ou deux fois par jour. Procédez toujours de façon systématique pour être certain d'aboutir au résultat souhaité.

› Si vous voulez apprendre à une perruche à faire tinter une clochette, commencez l'entraînement en la faisant vous-même tinter. Elle vous imitera très vite. À partir de là, félicitez-la à chaque fois qu'elle la fait tinter et donnez-lui immédiatement une friandise. Ensuite, faites en sorte que l'accès à la clochette soit de plus en plus difficile. À la fin, installez un vrai parcours. Quand elle arrive au bout, n'oubliez pas de lui donner un peu de millet et de la féliciter.

› Les perruches ondulées ont énormément besoin de voler pour rester en forme et ne pas s'empâter. Apprenez à vos oiseaux à obéir aux ordres « Viens » et « Vole ». Pour cela, mettez-vous face à une autre personne. L'un de vous doit tenir la perruche sur le doigt et la donner à l'autre en disant « Vole ». L'autre doit aussitôt dire « Viens » et féliciter chaleureusement l'oiseau. Augmentez progressivement la distance entre vous et l'autre personne, de manière à obliger la perruche à voler pour vous atteindre. Vous pouvez très bien jouer à ce jeu avec des enfants.

L'aventure est en haut du perchoir : les perruches peuvent s'amuser à l'escalader et se balancer – mais aussi s'y reposer de temps en temps.

› La recherche de nourriture est innée chez la perruche ondulée et il est important qu'elle puisse satisfaire cet instinct. Faites-en en jeu auquel vos perruches joueront pendant leur promenade. Remplissez une noix de coco évidée d'oseille et de rondelles de carotte, piquez des morceaux de betterave rouge dans une rondelle de chou-rave ou faites une brochette de pomme.

› Certaines perruches adorent mettre en pièces les jouets dès qu'on les leur donne et envoyer les morceaux dans tous les coins. Ces individus turbulents apprécieront particulièrement le « jeu du lancer ». Débarrassez complètement une table et posez dessus des jouets adaptés aux perruches : petites voitures, balles en grillage, stylos-bille sans mine, pinces à linge ou rouleau de papier-toilette vide. Vous n'allez pas tarder à voir rappliquer vos petites curieuses, qui se feront un plaisir de tout envoyer promener. Votre tâche consistera alors à tout ramasser pour qu'elles puissent recommencer !

› Les perroquets et les perruches adorent jouer à « Coucou ! » Prenez un torchon (sans rayures car elles leur font peur) et cachez votre visage derrière. Abaissez-le tout doucement et dites « Coucou ! » au moment où votre visage devient visible. Remontez aussitôt le torchon devant vous et vous verrez vos perruches éclater de rire ! Vos enfants seront sans doute les plus enthousiastes.

Vous pouvez parfaitement fabriquer un super jouet avec un légume ou un fruit. Pour ce genre de friandise, la perruche est prête à faire de l'escalade et à voler.

Les plus beaux jouets

On peut classer les jouets pour perruches en plusieurs catégories : les jouets qui stimulent l'activité physique, ceux qui stimulent l'intelligence et les jouets à détruire.

LES JOUETS QUI STIMULENT L'ACTIVITÉ PHYSIQUE : spirales, balançoires et triangles. Installez-les de préférence à l'endroit le plus haut de la cage afin qu'il reste suffisamment de place pour que les oiseaux puissent se balancer et jouer. Ces jouets constituent aussi des perchoirs.

LES JOUETS QUI STIMULENT L'INTELLIGENCE. En dehors des jouets que l'on trouve dans le commerce, vous pouvez aussi en fabriquer vous-même pour leur plus grand plaisir. Glissez par exemple une grappe de millet dans un rouleau de papier-toilette vide et fermez les extrémités avec un peu de papier absorbant. Si elle veut attraper la friandise, la perruche doit commencer par déchirer le papier. Vous pouvez aussi récupérer les sachets en papier des fruits et légumes que vous achetez au marché, y fourrer quelques graines, un peu de millet et quelques morceaux de carotte et de pomme. Complétez avec du papier-toilette. La perruche pourra alors tranquillement déchirer tout le papier ; elle aura en plus le plaisir d'y découvrir une friandise.

LES JOUETS À DÉTRUIRE. Ils sont destinés à être rongés, mis en pièces et mordus, permettant ainsi aux perruches d'user leur bec. Ces jouets permettent surtout aux femelles de satisfaire leur besoin de ronger quelque chose. Proposez-leur

1 BIEN OCCUPÉES. Les perruches ondulées distinguent toutes les couleurs et elles ont besoin de jouets colorés pour rester intellectuellement en forme. Les jouets en bois offrent en outre l'intérêt de pouvoir être rongés, ce qui évite aux femelles de s'attaquer aux meubles et papiers peints. Pour rendre les nouveaux jouets attrayants et vaincre la méfiance de vos perruches, décorez-les avec des herbes. Elles ne pourront pas résister.

2 BAIN GASTRONOMIQUE. Proposez-leur des légumes mouillés : elles vont s'amuser comme des folles. Les perruches apprécient particulièrement les légumes de couleur foncée, riches en vitamine A. Plantez-les entre les barreaux de la cage ou enroulez-les autour d'un perchoir et vous transformerez les plus dégoûtées en fanatiques des légumes. Vous pouvez ajouter des graines dans les feuilles, à condition de les retirer tout de suite après le repas.

3 LA FORME AVANT TOUT. Les triangles, les balançoires et les spirales sont des jouets incontournables. La perruche ondulée a une tendance à l'obésité. Elle doit par conséquent faire beaucoup d'exercice pour rester en bonne santé. Optez pour les jouets qui n'ont qu'un point d'attache pour qu'elle puisse travailler son équilibre. Et pour le plaisir, n'oubliez pas la clochette qui tinte : elles adorent.

JOUER EN TOUTE SÉCURITÉ

☑ ACHETEZ

uniquement des jouets qui sont conçus pour les perruches. Ceux destinés aux grands perroquets ne leur permettent pas de vraiment s'amuser. Qui plus est, ils peuvent provoquer des blessures quand ils se balancent ou qu'ils tombent.

☑ N'ACHETEZ PAS

des jouets d'occasion. Propreté et sécurité doivent guider votre choix.

☑ VÉRIFIEZ

que les jouets ne sont ni abîmés ni rouillés, et que vos perruches ne risquent pas de se coincer le bec ou les griffes.

☑ VÉRIFIEZ

la solidité des pièces qui composent chaque jouet. Vos perruches risquent-elles de les démonter et les avaler ?

☑ LES PERRUCHES

adorent les jouets bariolés. Vérifiez que la peinture utilisée n'est pas toxique.

☑ ÉVITEZ

les jouets munis d'un long cordon en coton quand vos perruches volent en liberté et qu'elles sont sans surveillance. Si l'une de vos perruches reste prisonnière du cordon, il faut que vous puissiez la libérer rapidement. Dans la cage, optez pour la ficelle de sisal ou les courtes tresses en coton.

☑ LES PIÈCES EN CUIR ET EN MÉTAL

des jouets maison doivent provenir uniquement d'une animalerie, afin d'être certain qu'ils ne contiennent pas de substances chimiques toxiques pour vos perruches.

☑ VÉRIFIEZ

une fois par semaine l'état de tous les jouets et changez les pièces qui vous paraissent défectueuses.

par ailleurs régulièrement des branches fraîches (surtout du saule et du noisetier). Elles peuvent en ronger autant qu'elles veulent. Il existe aussi des jouets pour perroquets avec une partie en cuir, en coton ou en sisal. Ils pourront occuper vos perruches un bon moment.

LES BRUITS. Les perruches adorent les clochettes et tout ce qui fait du bruit. C'est la raison pour laquelle de nombreux jouets ont une partie qui tinte ou qui cliquète. Pour les amuser encore plus, accrochez des clochettes à une balançoire ou à la cage pour qu'elles puissent se balancer.

ATTENTION ! Vérifiez que les jouets durs, prévus pour résister, ne sont pas trop lourds. En effet, les perruches pourraient être blessées s'ils venaient à les heurter. Les miroirs n'ont pas non plus leur place dans la cage. La perruche, qui prend son reflet pour un autre oiseau, est tentée de lui donner la becquée, avec le risque de blessures au jabot que cela implique.

LA FAMILLE S'AGRANDIT

Les perruches ondulées ne se reproduisent que lorsque les conditions permettent de trouver suffisamment de nourriture pour les petits.

LA PARADE NUPTIALE. Pour le maître, c'est un moment très attendu. Les mâles s'intéressent énormément aux femelles ; ils essayent de les impressionner par des acrobaties aériennes et des chants qu'ils produisent devant leur dulcinée, les plumes hérissées et les pupilles rétrécies. Ce chant, appelé « chant nuptial », entraîne chez la femelle une poussée hormonale qui crée les conditions favorables à l'accouplement. Quand il fait sa cour, le mâle produit davantage de sperme. La courtisée encore hésitante au début finit par répondre à ses avances et le laisse lui donner la becquée. Peu de temps après, le mâle grimpe sur le dos de la femelle et l'accouplement commence.

DES FEMELLES DIFFICILES. Les perruches ondulées femelles font souvent la fine bouche. Les jeunes mâles inexpérimentés sont souvent rejetés sans ménagement car ils sont trop fougueux et pas encore assez patients pour leur faire une cour intensive. Par ailleurs, les femelles âgées semblent mieux acceptées par les mâles. Ce qui semble logique dans la mesure où un partenaire expérimenté a plus de chances d'assurer l'éducation des petits.

Opération de charme : la femelle n'est pas insensible au chant du mâle, qui gonfle aussi ses plumes et son poitrail pour la séduire.

Inspection rigoureuse . le futur nid est inspecté consciencieusement par les parents, qui doivent être d'accord sur son choix.

Moment de tendresse : la maman s'occupe tendrement de ses tout-petits. Ces derniers viennent au monde à intervalles de deux jo.ırs et grandissent ensuite très vite.

Les mâles peuvent se reproduire dès l'âge de dix semaines. Cette précocité est due aux conditions de vie difficiles dans leur milieu naturel. Les femelles sont elles aussi fécondes très jeunes, mais il est conseillé d'attendre l'âge d'un an avant de les laisser se reproduire. Si elles pondent avant, elles risquent en effet de souffrir d'un trouble appelé « mal de ponte », dû à une carence en calcium ou au manque de maturité de leur système hormonal.

LES NIDS. Dès que la relation – généralement stable – entre le mâle et la femelle est établie, cette dernière commence à chercher un trou où faire son nid. La moindre petite fissure est examinée pour voir si elle ne cacherait pas une cavité.

La couvaison et le développement des petits

Le moment est venu d'offrir un nichoir à la femelle. Si vous en possédez plusieurs, comptez deux fois plus de nichoirs que de femelles présentes dans la cage. Vous éviterez ainsi les conflits. Une fois que les femelles ont fait leur choix, retirez les nichoirs inutilisés. Elles vont maintenant y passer beaucoup de temps. Ne soyez pas étonnés de les voir les ronger et manger plus qu'avant. Pendant la période où elle couve puis nourrit ses petits, la femelle doit avoir un apport en calcium suffisant (grâce à un os de seiche) pour permettre à la coquille des œufs de se former, à l'oviducte de se contracter et pour pouvoir en fournir à ses petits. Ajoutez des graines germées et une pâtée d'élevage (plus riches en lipides) à son alimentation habituelle pour une santé optimale.

Les œufs, au nombre de quatre à six, sont pondus à intervalles de deux jours. En général, le premier petit pointe son bec au bout de 18 jours, le reste de la portée suivant à intervalles de deux jours. Au début, le perruchon, qui ne pèse que 2 à 3 grammes, est nu et aveugle. Mais ses yeux s'ouvrent dès la deuxième semaine, et son poids atteint celui de ses parents dès la troisième semaine. Les premiers jours, seule la maman nourrit et réchauffe ses petits. Elle est ensuite aidée par le papa. Les petits doivent être bagués à une semaine. Au bout d'un mois environ, ils volent de leurs propres ailes.

DE L'ÉLEVAGE D'AGRÉMENT À L'ÉTABLISSEMENT D'ÉLEVAGE

Si votre élevage est considéré comme un établissement, vous devez demander une autorisation à la Direction des services vétérinaires dont relève votre domicile. Vous vous engagez alors à laisser entrer des agents de contrôle dans votre élevage. Les conditions de détention et l'hygiène, ainsi que vos compétences feront l'objet d'une vérification.

Une petite famille bien soudée.

Les soins et la santé

Les perruches ondulées sont des obsédées de la toilette. Elles passent une bonne partie de la journée à nettoyer leur plumage, leurs pieds et leur bec. Car, dans la nature, l'hygiène est une condition indispensable à leur survie. Vous n'aurez pas à beaucoup intervenir.

HYGIÈNE ET SANTÉ DES PERRUCHES ONDULÉES

Dans leur habitat naturel, les perruches ondulées doivent avoir un plumage irréprochable, condition indispensable pour prendre rapidement la fuite devant un prédateur. En revanche, contrairement aux nôtres, elles ne sont jamais en contact avec leurs fientes ni avec le rachis des plumes lors des mues.

Pas besoin d'aide

La perruche prend elle-même soin de sa santé dans la mesure où elle passe le plus clair de son temps à entretenir consciencieusement son plumage. Chaque plume, grande ou petite, est nettoyée et remise soigneusement en place. Parfois, elle s'acharne tellement qu'il ne reste plus qu'une pointe effilée après la toilette. Les perruches s'entraident en se grattant doucement la tête et le pourtour des yeux. Mais ne vous faites pas de souci : elles savent parfaitement se servir de leur bec et faire preuve d'une grande précision.

Plume par plume

Les perruches sont des sportives de haut niveau qui veillent à rester au top de leur forme. Les soins apportés à leur plumage font partie du programme. Même si ces oiseaux sont presque entièrement couverts de plumes, celles-ci ne représentent que 5 à 10 % du poids total de leur corps. Leur plumage est constitué de duvet et de plumes de contour (ou pennes) colorées – ce sont les rémiges, les rectrices et les tectrices. Le duvet sert d'isolant et permet au corps de conserver une forme aérodynamique. Les barbes de la partie des pennes appelée étendard (ou vexille) comportent des rangées de fines barbules qui s'emboîtent les unes dans les autres comme une fermeture à glissière.

Si ces barbules ne sont pas propres ou si elles ne s'emboîtent pas correctement, la perruche ondulée a du mal à maintenir la température de son corps ou à voler. Pour les entretenir, elle possède à la base de la queue une glande sébacée appelée glande uropygienne. Elle produit une huile que l'oiseau collecte avec son bec avant d'en enduire ses plumes afin de les rendre imperméables.

Évidemment, tous ces soins ont aussi pour objectif de communiquer avec ses congénères. Un plumage impeccable indique aux autres perruches qu'elle est en bonne santé et constitue une forme de séduction vis-à-vis de l'autre sexe. L'importance que les perruches ondulées accordent à leur apparence n'a donc rien d'étonnant !

Toilette entre amis

Quand la perruche ne peut pas nettoyer elle-même une partie de son plumage (la tête par exemple), elle a une solution de secours ! Elle se tourne vers un partenaire et lui fait comprendre qu'elle a besoin d'aide. En contrepartie, elle s'occupe naturellement de lui. Si l'une de vos perruches commence à vous faire la toilette en donnant des petits coups de bec dans vos sourcils, votre barbe et vos oreilles pour remettre vos poils en ordre, prenez-le comme un compliment. Mais faites tout de même attention qu'elle ne soit en contact ni avec de la salive ni avec du spray coiffant, car cela pourrait la rendre malade. Si elle vous le permet, remerciez-la en lui grattant vigoureusement la tête.

Impeccable du bec à la queue

L'entretien du plumage ne fait pas tout : la toilette commence par le bec, qui pousse toute sa vie durant et qui a besoin de s'user. Pour le garder en bon état, la perruche a besoin de ronger des branches fraîches – saule ou noisetier par exemple. Un jouet en bois peut aussi remplir cette fonction, notamment l'hiver si vous n'avez pas de branchages frais. Les perruches nettoient souvent leur bec en le frottant contre leurs perchoirs. Par conséquent, installez-les toujours de façon à ce qu'ils ne puissent pas être souillés par leurs déjections. Elles peuvent aussi s'en servir pour user leurs griffes contre l'écorce rugueuse et masser leurs coussinets sensibles. Le vrai bonheur, c'est un petit espace avec du gros gravier, des cailloux et un peu de sable pour oiseaux dans lequel la perruche peut à la fois chercher de la nourriture et s'user les griffes.

Un bain régulier

L'habitat naturel des perruches ondulées est très sec et elles ont rarement l'occasion de prendre tranquillement un bain. C'est sans doute ce qui explique que les perruches domestiquées rechignent autant à prendre un bain.

Tiré à quatre épingles : la meilleure assurance-vie qui soit, c'est un plumage impeccable. Chaque plume est soigneusement nettoyée.

Elles ignorent les baignoires qu'on leur installe dans leur cage et elles se méfient du spray qui sert à arroser les plantes. Comme elles se nettoient à fond tous les jours, il n'est pas non plus nécessaire de leur faire prendre un bain quotidien. Néanmoins, il n'est pas inutile de les inciter à se baigner une fois par semaine, à la fois pour des raisons d'hygiène et parce que cela les occupe.

Pour attirer une perruche réticente, on peut recourir à quelques astuces. La plupart des perruches évitent les baignoires et les récipients conçus pour le bain. Si les vôtres en font partie, déposez une fois par semaine dans leur cage des feuilles de salade ou de chou-vert (issus de la culture biologique) mouillées. Elles ne pourront pas s'empêcher de fouiner dans les feuilles pour frotter contre celles-ci les plumes de leur

Dans la nature, se baigner est un luxe. Cette perruche dispose de sa propre baignoire, où elle peut nettoyer son plumage et sa peau fine et sensible.

Le bec ne doit pas être en reste : la perruche aime bien se nettoyer le bec contre une branche, surtout après avoir mangé des aliments humides et collants.

de leur poitrail et le dessous de leurs ailes, et elles adoreront. Vous pouvez aussi mettre vos feuilles mouillées dans la baignoire et la remplir petit à petit. Mais les perruches font parfois un tel rejet de cet accessoire qu'elles déclinent cette offre pourtant alléchante. Dans ce cas, mettez les feuilles mouillées dans un récipient plat en terre cuite, avec un peu d'eau au fond. Placez-le à un endroit où il ne risque pas d'être souillé par les déjections des perruches. Petit à petit, diminuez la quantité de feuilles et augmentez la quantité d'eau, jusqu'à ce que vos oiseaux puissent se tremper le ventre. Utilisez de l'eau froide car les perruches, du fait de leur température corporelle élevée, n'aiment pas l'eau chaude.

La toilette est un moyen de communication entre les perruches.

UNE CAGE TOUJOURS PROPRE

La cage est la pièce à jouer des perruches, et elles y passent beaucoup de temps. Bien évidemment, celle-ci doit être propre. Cela n'est pas toujours facile, dans la mesure où elles laissent tomber quelque chose toutes les 30 minutes environ. Les restes de nourriture et les déjections collent vite aux barreaux et au fond de la cage.

NETTOYAGE COMPLET. Gratter les saletés ne suffit pas. Qui plus est, vous risquez d'abîmer le revêtement du métal et, à long terme, de le faire rouiller. Nettoyez la cage et le bac à déjections à l'eau chaude avec un détergent doux. Rincez-les ensuite à l'eau claire pour bien enlever le produit. Si la saleté est trop incrustée, imbibez-la d'abord d'eau ; vous aurez moins de mal pour la décoller. Il existe des cages qui disposent d'un bac à déjection protégé par un grillage. Il empêche les perruches de marcher dans leurs propres saletés lorsqu'elles jouent par terre. Cette solution est fortement conseillée si vous travaillez et que vous n'avez pas le temps de laver la cage dans la journée.

L'endroit où la cage est installée doit être facile à nettoyer lui aussi car il est indispensable de passer l'aspirateur au moins une fois par jour autour de celle-ci pour éliminer la poussière et les plumes. Si vous laissez traîner longtemps des restes de nourriture dans les recoins, des pyrales de la farine et autres mites alimentaires vont s'y développer et vous aurez du mal à vous en débarrasser. Qui plus est, cette saleté n'est pas bonne pour les voies respiratoires – les vôtres et celles de vos perruches.

La maison du bonheur : une cage propre et pleine de jouets, de mangeoires et d'abreuvoirs. N'oubliez pas qu'elle sert à la fois de salle de jeux, de salle de repos et de salle à manger.

MON CONSEIL. Ne nettoyez jamais la cage en laissant les perruches à l'intérieur. Le fait d'introduire les mains dans la cage, le nettoyage et la manipulation des perchoirs et des jouets les perturbent. Faites-le plutôt au moment où elles sortent pour voler en liberté. Quand elles y reviendront pour jouer et manger, elle sera propre et sèche.

Mangeoires et jouets

Les accessoires adaptés à la cage facilitent le nettoyage : les mangeoires en métal sont parfaites car elles passent au lave-vaisselle. Prévoyez deux jeux pour en avoir toujours un d'avance le jour où vous êtes pressé. Tous les objets en plastique – mangeoires ou jouets – doivent être inspectés régulièrement. Éliminez les déjections et les pièces abîmées. Nettoyez-les le plus soigneusement possible car les fissures et les fentes offrent un refuge idéal aux parasites et aux bactéries. Les inflammations du jabot ont souvent pour cause le développement de bactéries dans le récipient contenant l'eau que les perruches boivent ; à chaque fois qu'elles boivent, elles en absorbent et se retrouvent infectées.

Une propreté indispensable

QUAND ?	COMMENT ?
TOUS LES JOURS	Nettoyez les mangeoires et les abreuvoirs (plusieurs fois par jour). Changez le fond de cage (papier ou sable). Nettoyez les baignoires et remplissez-les. Enlevez les déjections et les restes de nourriture des perchoirs. Passez l'aspirateur tout autour de la cage. Faites ramollir les fientes séchées et nettoyez.
UNE FOIS PAR SEMAINE	Enlevez de la cage les branches et les jouets sales, abîmés ou rongés. Vérifiez les jouets restants et nettoyez-les. Remplacez-en certains par des nouveaux (attention : laissez leurs préférés dans la cage). Lavez le fond de la cage et les barreaux à l'eau chaude et laissez-les sécher avant de tout remettre en place. Nettoyez sous et autour de la cage avec un chiffon humide.
UNE FOIS PAR MOIS	Inspectez perchoirs, cordes et balançoires pour vérifier qu'ils ne sont pas sales et défectueux, et remplacez les pièces abîmées.
UNE FOIS PAR AN	Remplacez la baignoire et la lampe pour oiseaux. Contrôlez l'état de la cage (usure, rouille...).

LES SOINS

Une perruche ondulée peut vivre jusqu'à 15 ans. Malheureusement, rares sont celles qui parviennent jusqu'à cet âge car elles meurent de maladie au bout de quelques années. Pour reconnaître à temps les symptômes d'une maladie, vous devez absolument observer vos perruches quotidiennement pendant une dizaine de minutes – si possible sans qu'elles le remarquent. Vous apprendrez ainsi à évaluer leur état de santé et à mieux reconnaître les signes de maladie.

Examen de santé

Une perruche en bonne santé bavarde toute la journée (surtout si c'est un mâle). Elle connaît des phases d'activité plus intense et fait tous les jours aux mêmes heures de longues pauses durant lesquelles elle dort un peu. Avec un peu d'entraînement, vous serez capable de voir tout de suite si vos perruches vont bien : l'oiseau se tient-il normalement sur ses deux pattes ? Les doigts sont-ils bien orientés et les griffes suffisamment usées ? Quel est l'aspect des yeux, de la cire et du bec ? Le plumage est-il plaqué contre le corps, propre et brillant ? Joue-t-il avec ses congénères ou reste-t-il plutôt en retrait ? Mange-t-il normalement ? Quel est l'aspect de ses fientes ? En période d'accouplement et de ponte, les fientes des femelles peuvent être trois fois plus grosses que d'habitude. C'est parfaitement normal et les choses reviennent dans l'ordre après la ponte. Pesez vos oiseaux toutes les semaines. Une balance de cuisine plate convient très bien pour cela. Déposez-y un peu de millet. Pendant que la perruche mange, vous pouvez lire tranquillement le résultat.
Observez la façon dont vos perruches réagissent au bruit et la manière dont elles volent. Si l'une d'elle perd de l'altitude ou n'arrive carrément plus à décoller après une chute, réagissez tout de suite. Emmenez-la immédiatement chez un vétérinaire, si possible spécialisé dans les oiseaux exotiques.

La vieillesse

Les perruches ondulées âgées ont un charme particulier : elles ont l'habitude de leur maître, elles ne sont pas craintives et plus aussi fatigantes que des jeunes sujets. En un mot, les seniors sont bien plus faciles à vivre !
On considère qu'une perruche fait partie des seniors à partir de l'âge de dix ans. Elle exige des conditions de vie différentes de celles d'un jeune débordant de vitalité ou d'un sujet d'âge moyen. Beaucoup de perruches âgées souffrent de pathologies liées à l'âge : arthrite, problèmes cardiovasculaires et sénilité. Certaines ne voient plus très bien non plus. En principe, ces oiseaux doivent être examinés par un vétérinaire spécialisé tous les six mois.

SOINS PARTICULIERS. Si vos perruches vivent en groupe, veillez à ce que votre senior ait suffisamment à manger, car les perruches faibles et maladives sont souvent privées de nourriture par les autres sans que leur maître s'en rende compte. Si vous constatez qu'une perruche âgée est sans arrêt chassée par les

Test de bonne santé : cette perruche n'a aucun mal à faire des acrobaties pour ronger sa branche. Pour éviter les problèmes, vérifiez régulièrement l'état de vos oiseaux.

UN DÉPART EN DOUCEUR

LES PERRUCHES ÂGÉES

qui souffrent parce qu'elles sont atteintes de maladies doivent être en permanence traitées avec des médicaments prescrits par un vétérinaire. La prise d'antalgiques améliore nettement leur qualité de vie, notamment en cas de problèmes articulaires, et leur permet de vivre presque normalement.

Mais il arrivera malgré tout un jour où le vétérinaire vous conseillera de mettre fin aux souffrances de votre vieille perruche. Vous ne pouvez pas refuser ce dernier service à votre petite compagne. Dites-vous qu'elle a eu une belle vie paisible auprès de vous et qu'elle vous a apporté beaucoup de joies.

autres, mettez-la trois fois par jour dans une cage à part pour qu'elle puisse manger tranquillement. Évidemment, cette cage doit être équipée de perchoirs et de jouets. Les perruches ondulées âgées qui souffrent de problèmes articulaires ont besoin de perchoirs particulièrement larges où se poser de temps en temps pour soulager leurs articulations douloureuses. Faites bien attention aux plaies et aux abcès qui peuvent se former au niveau de la partie des pieds sur laquelle la perruche prend appui. Installez plusieurs couches de journal au fond de la cage et posez un torchon par-dessus pour qu'elle ne se blesse pas si elle tombe. Installez-lui des cordes pour qu'elle puisse grimper. Les perruches âgées préfèrent souvent se déplacer en marchant et évitent de voler car cela leur est trop pénible.

Votre perruche fait la difficile ? Vérifiez si elle mange vraiment, si elle ne s'amuse pas simplement avec la nourriture et si elle ne perd pas de poids.

RECONNAÎTRE ET SOIGNER UNE MALADIE

Chez une perruche ondulée, les maladies peuvent passer très longtemps inaperçues. Le maître est souvent le dernier à s'apercevoir que l'oiseau ne va pas bien. On sait aujourd'hui que beaucoup d'affections dont souffrent les psittacidés sont d'origine virale. C'est la raison pour laquelle chaque nouvel arrivant doit être isolé un moment avant d'être inséré dans un groupe. La perruche ondulée a aussi tendance à développer des tumeurs et beaucoup en meurent avant l'âge de cinq ans. Heureusement, beaucoup de ces tumeurs sont aujourd'hui opérables et les perruches se remettent très vite après l'intervention. Dans la mesure où la maladie tarde à donner des symptômes évidents, n'attendez pas quand vous vous apercevez que quelque chose ne va pas. Conduisez aussitôt votre oiseau chez un vétérinaire spécialisé dans les espèces exotiques. Mieux vaut vous déplacer pour rien que de prendre des risques.

Les signes d'alerte

› La perruche reste immobile sur son perchoir, debout sur ses deux pattes, le plumage ébouriffé, insensible aux bruits et aux appels, et se laisse prendre sans réagir alors qu'elle était jusque-là timide.

› Apathie, fatigue et incapacité à digérer les aliments.

› Certaines perruches arrêtent de manger et de boire quand elles ne se sentent pas bien.

› Les fientes malodorantes ou une diarrhée sont des signes d'infection.

› Yeux troubles, écoulement nasal et éternuements fréquents.

› La perruche évite de se servir d'un membre. Elle s'est peut-être blessée et doit être vue par le vétérinaire.

La visite chez le vétérinaire

Même si vos perruches ne sont pas malades, il est conseillé, dès l'âge d'un an, de les emmener une fois par an chez un vétérinaire spécialisé dans les oiseaux d'ornement ou ayant une bonne expérience des petits animaux. Avant un an et après dix ans, une visite tous les six mois s'impose. Prenez rendez-vous et notez

Cette perruche amaigrie et apathique ne bouge pas de son perchoir. Elle est gravement malade et doit être conduite chez un vétérinaire sans plus attendre !

toutes les questions que vous aurez à poser (voir encadré ci-contre).

Pour transporter vos perruches, l'idéal est la boîte de transport en plastique. Elle doit rester en permanence visible dans votre logement pour que les perruches ne l'associent pas à un danger. Avant une visite, installez un torchon et un petit perchoir à l'intérieur. Évitez la serviette en tissu éponge car la perruche risque de se prendre les griffes dedans. S'il fait froid, recouvrez la boîte d'une serviette. S'il fait très chaud, recouvrez-la d'une serviette humide sur un côté. Le froid produit par son évaporation permet d'apporter un peu de fraîcheur à l'oiseau malade. Pour les trajets de plus de 30 minutes, mettez de la nourriture et de l'eau dans la boîte de transport.

ATTENTION. Une perruche blessée à la tête doit rester dans le noir et au frais. Conduisez-la le plus vite possible chez le vétérinaire.

La pharmacie de secours

Pour faire face aux urgences (malaise ou accident), constituez-vous une pharmacie.

› La lampe à infrarouges est un appareil indispensable. Elle permet d'aider l'oiseau malade à se réchauffer, en lui évitant de dépenser une énergie considérable à maintenir la température de son corps. Installez la lampe à environ 50 cm de la cage. Placez une serviette sur la moitié de la cage pour que votre petit patient puisse choisir de s'exposer à la chaleur ou non.

› En cas de blessures, une solution de chlorure ferrique dilué à 5,2 % peut être utilisée. Elle a un effet hémostatique et peut, en cas d'urgence, être utilisée en première instance, le temps d'arriver chez le vétérinaire. Imprégnez-en une compresse stérile et appliquez-la délicatement sur la blessure. Attention : ça brûle et la perruche ne se laissera pas faire !

› N'oubliez pas la pince pour couper les griffes et le bec, les bandes élastiques, le sparadrap, les Cotons-Tiges et une pince à épiler pour extraire les corps étrangers.

› Pour les problèmes gastriques et intestinaux, prévoyez des tisanes (anis-fenouil-cumin, camomille), à donner très diluées.

› Les préparations à base de vitamines et de calcium sont utiles pendant la mue et en cas d'infection. Conservez-les au frais.

› Gardez toujours votre pharmacie à portée de main en cas d'urgence.

Les infestations par des acariens ne sont pas difficiles à soigner. Traitées à temps, elles ne laissent pas de séquelles.

Inscrivez le numéro de téléphone du vétérinaire sur un papier près du téléphone et notez les dates de congés de ce dernier. Compte tenu de leur petite taille, les perruches ondulées ont un métabolisme élevé. Par conséquent, leur maître a peu de temps pour réagir quand elles tombent malades.

Guide du parfait garde-malade

Quand elle est malade, la perruche ondulée a besoin de beaucoup de calme [voir p. 76]. Il est donc conseillé de la mettre dans une pièce calme jusqu'à ce qu'elle soit rétablie. Tant qu'elle est malade, donnez-lui des aliments très énergétiques et proposez-lui tous les jours du millet. Beaucoup de perruches malades se nourrissent presque exclusivement de millet, ce qui les remet sur pied assez vite. Ne diluez jamais les médicaments dans de l'eau ; introduisez-les plutôt avec une seringue jetable [2-5 ml] sans canule, directement dans le bec. C'est le seul moyen pour être certain que l'oiseau a bien pris la quantité voulue. Ce n'est pas le moment de lui parler – même d'une voix douce, car il est très stressé et ne se sent pas bien du tout. Donnez-lui ses médicaments sans dire un mot et faites ensuite une pause avant de vous occuper à nouveau de lui, à condition qu'il ait suffisamment d'énergie. Suivez à la lettre les indications du vétérinaire.

La mue

Le plumage des oiseaux a une durée de vie limitée. Celui des espèces des régions chaudes et désertiques en particulier se décolore, devient cassant et s'effiloche. Une fois que les plumes sont usées, elles sont remplacées par d'autres. Ce processus est appelé « mue ». Le cycle de mue des perruches ondulées élevées en captivité dure neuf mois environ. Toutes les plumes tombent ou sont arrachées par les perruches elles-mêmes en cas de démangeaisons. C'est un moment très fatigant [notamment quand les rémiges et les rectrices se renouvellent] durant lequel elles peuvent se montrer un peu grognons. Leur corps doit en effet produire tout le matériau qui constitue les plumes. Il est donc impératif de bien les nourrir pendant la mue. Donnez-leur des graines germées, beaucoup de légumes frais et de temps en temps un peu plus de millet. Les perruches malades ou âgées ont besoin en plus de cela d'un reconstituant. Les perruches apprivoisées adorent qu'on leur ouvre les jeunes plumes de la tête lorsqu'elles sont encore entourées de leur gaine blanchâtre. Pincez doucement la plume entre le pouce et l'index et frottez doucement les doigts l'un contre l'autre. La gaine se décompose en une fine poudre blanche. Mais attention de ne pas tirer sur la plume et de ne frotter que la partie supérieure. Votre perruche vous fera savoir si elle est contente de votre travail !

Les maladies les plus courantes en un clin d'œil

MALADIE	SYMPTÔMES	AGENT PATHOGENE/ORIGINE
MUE FRANCAISE	Les jeunes perdent toutes leurs rémiges et leurs rectrices, incapacité définitive de vol	Agent pathogène : virus qui empêche la repousse des plumes
SYNDROME d'amaigrissemen chronique	Amaigrissement, diarrhée, graines non digérées dans les fientes, appétit plus marqué	Agent pathogène : *Macrorhabdus ornithogaster* (champignon)
INFLAMMATION DU JABOT (GOÎTRE)	Vomissements répétés, plumes de la tête collées	Origine : eau de boisson souillée
PSITTACOSE	Détresse respiratoire, forte diarrhée, crampes, paralysies	Agent pathogène : *Chlamydophila psittaci*, transmissible à l'homme ; déclaration obligatoire
MALADIE DU BEC ET DES PLUMES DES PSITTACIDÉS (PBFD)	Altération des plumes s'aggravant de mue en mue, diarrhée, apathie, amaigrissement	Agent pathogène : circovirus ; même les oiseaux ne présentant aucun symptôme peuvent être porteurs
GALE DU BEC	Croûtes dans la région de la cire et, en cas d'infestation importante, sur le pourtour des yeux, le cloaque et les pattes	Agent pathogène : acariens
TUMEURS ET LIPOMES	Paralysies unilatérales, constipation	Origine : ulcères et tumeurs qui compriment les organes et les nerfs

CONSEILS D'EXPERT

Avant la visite chez le vétérinaire

TEMPS

Prévoyez suffisamment de temps pour la visite chez le vétérinaire. Vous devez mettre l'oiseau dans la boîte de transport, et faire le trajet aller et retour.

IMPORTANT

Emmenez le papier qui recouvrait le fond de la cage pendant les dernières 24 heures. Les fientes qui s'y sont déposées sont un bon indicateur de son état de santé.

QUESTIONS

Notez sur une feuille toutes les questions que vous vous posez et passez-les en revue avec le vétérinaire. Si vous ne comprenez pas, demandez qu'on vous réexplique. Attendez néanmoins qu'il ait terminé l'examen pour qu'il puisse se concentrer.

DIAGNOSTIC

Ne donnez jamais de médicaments à une perruche sans qu'un diagnostic ait été porté ! Si le vétérinaire ne trouve pas de quoi souffre l'oiseau, il doit vous adresser à un confrère spécialisé.

MÉDICAMENTS

Administrez-les en suivant les conseils qui vous ont été donnés. Faites-vous éventuellement faire une démonstration. Si vous n'arrivez pas à les lui faire prendre une fois chez vous, appelez tout de suite votre vétérinaire.

LES PROBLÈMES

Malgré tous les soins et toute l'attention dont elle fait l'objet, la perruche est amenée à rencontrer divers problèmes. Beaucoup se règlent facilement avec quelques petites adaptations. D'autres exigent parfois de faire appel à un comportementaliste.

MORT DU PARTENAIRE. La mort d'un partenaire est mal vécue par la perruche qui lui survit. Elle l'appelle souvent pendant des heures et le cherche dans toutes les pièces. Au bout de quelques jours, une fois qu'elle a compris qu'il ne reviendra pas, elle cesse de le chercher. Trouvez-lui le plus vite possible un nouveau partenaire pour qu'elle ne se sente pas seule. Mais respectez tout de même le délai de quarantaine (voir p. 34).

Vive comme l'éclair : la perruche ondulée réagit sept fois plus rapidement que l'homme, et elle a vite fait de se sauver par une fenêtre ou une porte ouverte.

FUITE. Les perruches sont des oiseaux extrêmement souples et rapides en vol. Il n'est pas rare d'en voir une se sauver par une fenêtre entrouverte ou par une porte restée ouverte. Elle est malheureusement le plus souvent incapable de retrouver son chemin. Une fois le premier moment de panique passé, prenez votre boîte de transport et partez à sa recherche en l'appelant régulièrement. Ratissez les environs sur un rayon de 2 km. Accrochez des photos de votre perruche un peu partout et signalez sa disparition aux commerçants de votre quartier. La plupart du temps, les perruches sont retrouvées épuisées au bout d'un ou deux jours et conduites dans un refuge. Par conséquent, laissez aussi votre adresse aux refuges des environs.

MÉSENTENTE. En règle générale, les perruches ondulées sont des oiseaux sociables. Il est rare que deux perruches ne puissent pas se supporter. Néanmoins, des conflits peuvent survenir, par exemple quand les femelles sont plus nombreuses que les mâles dans une même cage. Les disputes permanentes et le fait que certaines en empêchent d'autres de manger peuvent peser sur le groupe. Dans ce cas, il est préférable d'acheter une cage équipée d'une cloison pour maintenir les mauvais coucheurs à distance. La cloison s'installe et se retire en une seconde. Les perruches peuvent ainsi utiliser toute la cage quand vous êtes là pour les surveiller, mais vous pouvez les séparer quand vous vous absentez.

INCAPACITÉ À VOLER. Elle peut avoir pour origine une mue française, une fracture osseuse ou un âge avancé de l'oiseau. Si l'un de vos oiseaux en souffre, installez-lui de nombreux ac-

Jeunes brutes : les perruches âgées, malades, sont souvent chassées de la mangeoire par les jeunes. Nourrissez-les séparément et surveillez leur poids.

cessoires sur lesquels il pourra grimper (cordes, échelles et branches). Le principal problème chez ces perruches, ce sont les chutes car elles tombent sans avoir pu ralentir et se fracturent le bréchet. Placez sous le perchoir une double couche de vieux torchons, que vous changerez tous les jours. Ils amortiront le choc.

RÉGIME SPÉCIAL. Les perruches sont souvent trop grosses et souffrent de la formation d'amas graisseux qui sont dangereux et peuvent provoquer des maladies graves. Ces perruches doivent parfois être mises au régime. Quand elles ne vivent pas seules, il n'est pas facile de leur donner une nourriture différente de celle à laquelle les autres ont droit. Là aussi, la cage équipée d'une cloison rend bien service. Installez la cloison afin de nourrir les oiseaux séparément et retirez-la après les repas pour qu'ils puissent à nouveau jouer ensemble.

FEMELLE CHERCHE NID. Les femelles qui cherchent où nicher peuvent être une véritable plaie. Le moindre petit trou, la moindre cavité et la moindre fissure sont inspectés pour voir si elles ne pourraient pas y nicher. Quand elles volent en liberté, la seule solution consiste à boucher l'accès à tous ces endroits. Proposez-leur en outre des branches de saule à ronger et veillez à ce que vos oiseaux restent au moins douze heures dans le noir la nuit, car cela fait baisser le taux d'hormones chez la femelle.

DÉPRESSION. La perruche ondulée a un tempérament joyeux. Cela ne l'empêche pas de souffrir parfois de troubles psychologiques. Au lieu de s'activer comme d'habitude, la perruche reste alors apathique dans son coin, n'a plus envie de jouer et ne gazouille plus. Si le vétérinaire ne trouve aucune cause organique à cet état, vous pouvez en déduire que votre perruche est dépressive. Occupez-vous davantage d'elle, observez comment elle se comporte avec son partenaire et proposez-lui plein de jouets intéressants. La musique, les rires et l'exercice physique devraient lui redonner la joie de vivre en peu de temps.

QUAND LE THÉRAPEUTE S'IMPOSE. Les problèmes sont parfois tellement difficiles à maîtriser que le maître doit faire appel à un thérapeute spécialisé. Beaucoup de perruches ont peur des mains de l'homme et paniquent quand on s'approche d'elles. Elles ont sans doute été attrapées et tenues longtemps serrées dans une main pendant que leur futur maître et le vendeur discutaient. Les perruches ondulées souffrant de « cage bonding » (voir p. 34), de stéréotypie et de picage doivent aussi être traitées par un comportementaliste.

Ci-contre : une activité ludique est un bon indice de l'état de santé de votre perruche.

SOS : QUE FAIRE ?

Chute

PROBLÈME : votre perruche tombe derrière une étagère ou une armoire et reste coincée.
CONSEIL : baissez la lumière et tirez lentement le meuble. Vous pouvez vous servir d'un bâton pour la faire sortir. Si vous avez l'impression qu'elle ne va pas bien, emmenez-la chez le vétérinaire.

Instinct rongeur

PROBLÈME : l'instinct rongeur et la curiosité des perruches provoquent souvent des intoxications.
CONSEIL : si vous pensez que votre perruche s'est empoisonnée, conduisez-la immédiatement chez un vétérinaire. Apportez-lui le produit qu'elle a avalé pour qu'il puisse faire le bon diagnostic.

Remplacement en urgence

PROBLÈME : vous ne pouvez pas vous occuper de vos perruches, parce que vous êtes malade par exemple.
CONSEIL : prévoyez une solution de secours (famille ou amis). Préparez une feuille sur laquelle vous consignerez tous les renseignements importants : alimentation, rythme journalier, adresse du vétérinaire, préférences et sources d'angoisse.

Dehors, c'est mieux

PROBLÈME : votre perruche refuse de regagner sa cage.
CONSEIL : si vous avez la certitude que la cage contient tout ce qu'il faut et que rien ne lui fait peur, vous pouvez ruser pour la ramener chez elle. Baissez la lumière et proposez-lui une boîte de transport ouverte. Elle servira de « navette » entre l'extérieur et la cage. Pour l'attirer dans la boîte, déposez-y un peu de millet. Les choses sont plus faciles quand la perruche ondulée connaît déjà la boîte. Une fois que vous l'avez « attrapée », remettez-la dans sa cage.

Prisonnière d'un rideau

PROBLÈME : lors d'une promenade hors de la cage, votre perruche se prend les griffes dans un rideau.
CONSEIL : mettez un torchon sur l'une de vos mains et saisissez la perruche. De l'autre main, détachez doucement les griffes du rideau. Ne parlez pas afin d'éviter qu'elle associe votre voix et cette situation désagréable.

Attention : il n'est poa conseillé de laisser sortir vos perruches domestiquées à l'extérieur, même si vous pensez qu'elles maîtrisent parfaitement le rappel.

Carnet de santé de mes PERRUCHES

DATE	OBSERVATIONS

DATE	OBSERVATIONS

DATE	OBSERVATIONS

DATE	OBSERVATIONS

Ressources utiles

Adresses

> **ÉCOLE NATIONALE VÉTÉRINAIRE**

7, av. du Général-de-Gaulle
94700 Maisons-Alfort
Tél. 01 43 96 71 00
Site Internet : www.vet-alfort.fr

> **SOCIÉTÉ PROTECTRICE DES ANIMAUX**

39, bd Berthier
75017 Paris
Tél. 01 46 33 94 37
Site Internet : www.spa.asso.fr

> **DISPENSAIRE DE LA SPA**

8, rue Maître-Albert
75005 Paris
Tél. 01 43 80 40 66

> **FONDATION ASSISTANCE AUX ANIMAUX**

24, rue Berlioz
75116 Paris
Tél. 01 40 67 10 04
Dispensaire vétérinaire
23, av. de la République
75011 Paris
Tél. 01 40 21 96 14

Sites Internet

> www.perruche-ondulee.fr
> www.perruche-ondulee.org
> www.perruches-ondulees.com

Association

> **UNION ORNITHOLOGIQUE DE FRANCE**

2, rue des Dahlias
95500 Gonesse
Site Internet : www.uof-asso.fr

> **ASSOCIATION FRANÇAISE DE L'ONDULÉE**

21, rue de Troussures
60155 Rainvillers
Site Internet : www.afondulees.fr

Index

Les numéros de page **en gras** renvoient à des illustrations.

L'auteur

Hildegard Niemann est biologiste et travaille en indépendant comme « comportementaliste pour psittacidés ». À ce titre, elle conseille, entre autres, les propriétaires de perruches ondulées, dans un domaine qui couvre le comportement, l'éducation et l'alimentation. Elle collabore à *WP-Magazin* (revue allemande traitant des oiseaux d'ornement) et publie régulièrement des articles sur le sujet.

Le photographe

Oliver Giel est spécialisé dans la photo d'animaux et de nature. Il produit, avec sa compagne Eva Scherer, des images pour l'édition, la presse et la publicité. Pour en savoir plus sur son studio photos : www.tierfotograf.com.

Avertissement

> Maladies. Si votre perruche présente des signes de maladie, adressez-vous à un vétérinaire.

> Risque de transmission. Seules quelques maladies sont transmissibles à l'homme. Signalez à votre médecin tout contact avec un animal, notamment si vous présentez des symptômes pseudo-grippaux.

> Allergie et asthme. Certains humains sont allergiques aux plumes et à la poussière de plumes. Si vous avez un doute, parlez-en à votre médecin avant d'acheter une perruche ondulée.

Édition originale
Publiée en Allemagne sous le titre :
Wellensittiche
GRÄFE UND UNZER Verlag
Postfach 86 03 25
81630 München

Toutes les photos de cet ouvrage sont d'Oliver Giel, à l'exception de celle des pages 10 et 13 (Karl-Heinz Lambert), 22 et 60 b. (Sabrina Kaiser), 73 et 74 (Dr Carlo Manderscheid).
Fotolia : © Marcel Schauer : 12 ; © Martina Berg : 15, 67 ; © Motorlka : 25 ; © John : 42 ; © Caruso : 43 ; © jogyx : 52, 61 ; © Marcel Jossi : 58 ; © Multiart : 77, 79, 83.

Couverture : Getty images / Arco Petra

Édition française

Direction : Catherine Saunier-Talec
Responsable artistique : Antoine Béon
Édition : Anne Le Meur
Traduction : Anne-Marie Naboudet-Martin
Contribution rédactionnelle : Mireille Touret
Correction et réalisation intérieure :
Nord Compo (Villeneuve-d'Ascq)
Conception couverture :
Le Bureau Des Affaires Graphiques

Fabrication : Isabelle Simon-Bourg

Dépôt légal : août 2013
23-06-1116-01-5
ISBN : 978-2-01231116-9

Achevé d'imprimer en juillet 2013 par Castelli Bolis Poligrafic (Italie).

Pour l'éditeur, le principe est d'utiliser des papiers composés de fibres naturelles, renouvelables, recyclables et fabriquées à partir de bois issus de forêts qui adoptent un système d'aménagement durable. L'éditeur attend également de ses fournisseurs de papier qu'ils s'inscrivent dans une démarche de certification environnementale reconnue.

Guides Hachette Animaux

En toute complicité avec vos petits compagnons